圖解
系列

圖解

五南圖書出版公司 印行

顧客滿意經營

陳耀茂 / 編著

閱讀文字

理解內容

觀看圖表

圖解讓
顧客滿意經營
更簡單

序言

有一位智者曾說道，我們應當學習用三種耳朵來聽別人說話。

- 聽聽他們說出來的。
- 聽聽他們不想說出來的。
- 聽聽他們想說卻表達不出來的。

以下有一事例，正說明此智者的諄諄之言。有一位房地產商，他把事業上的成功歸功於能專心聽顧客的談話，並聽出其中的含意。曾經有一位顧客說過這樣的話：「我不需要一個新家。」當時這位顧客的口氣有點躊躇，臉上並帶著一絲不自然的微笑。從這些跡象中房地產商察覺出，他所推介的房子跟那位顧客所能付出的價錢有一段差距，因而重新向那位顧客推介其他幾棟較價廉的房子，結果順利挑選了一戶而成交，由於該房地產商「聽得真切」，不僅使那名顧客買到了一戶合適的房子，同時也建立顧客未來對其信賴的基礎。

永遠不要忽略傾聽顧客說話的價值，務必學會能聽懂其中的技巧。讓自己提供的解決辦法能配合對方的問題。唯有在看清顧客的需求之後，您才能正確地提供他所需要的幫助，如果實在是做不到，就得老老實實地告訴人家，或者，另外推薦他人協助，並婉言對方日後能有再服務的機會。

人們之所以願意拿辛苦賺來的錢去換取商品，是基於以下兩個理由：

- 愉快的感覺
- 問題的解決

由此觀之，企業的成就全在於它對這兩點能做到何種程度，使多少人得到滿足。正如 IBM 公司前任行銷副總裁伯克·羅傑斯（Buck Rogers）所說的：「生意成交的祕密就在於了解顧客的困難，幫助他找出解決的辦法，使他受惠並對這筆交易感到滿意」。

交易完成後也不可忽略致上由衷的謝意，記住「禮多人不怪」這句話，不時謝謝對方給予您的服務機會，並推崇其明智的抉擇，然後用自己的行動來支持向他們許下的承諾，別忘了，顧客滿意是您應信守不渝的圭臬。

要讓顧客再度上門的五個要點是：
・值得信賴（Reliable）
・注重信譽（Credibility）
・留意形象（Appearance）
・反應要快（Responsiveness）
・善體人意（Empathy）
此處，為便於記住，我們將它簡化成「Reliable CARE」。

　日本人的服務精神一向是有目共睹的，日本企業非常注重顧客滿意的服務，這除了受文化的影響外，也不可忽視日本企業落實顧客滿意經營的決心，本書列舉 3 家企業推行 CS 活動的過程，值得國內企業做為推行 CS 活動的借鏡。

　本書是以圖解的方式敘述顧客滿意的因素，學習如何掌握與顧客接觸的關鍵時刻，它適用於任何規模的行業，使其員工能蛻化成「以客為尊」的力行團隊。要想長期領先同業，唯有關懷顧客並使其獲得滿足。

東海大學企管系
陳耀茂　謹誌

第 5 章　顧客滿意度測量　99

第 6 章　製造業事例 1：豐田汽車 ── 以 CS 世界之龍頭為指標　123

第 7 章　製造業事例 2：日產汽車 ── 最高境界的滿意＝感動　137

第1章
認識顧客

■顧客的心聲

佛羅里達州創新商業教育公司（Innovative Business Education Inc.）在所出版的刊物上，曾刊載以下短文，這反映出當前服務業所面臨的狀況：

「我很現實，比幾年前更加現實。我已經習慣使用好東西，因為我有錢了。

我是很自我，很敏感，又很驕傲的人。你們必須友善而且親切地招呼我，才不會傷害我的自尊。你們要感激我，因為我買你們的產品與服務，我是你們的衣食父母。

我是一位完美主義者，我花錢就要得到最好的。你們的產品或服務令我不滿意，我會告訴別人，影響他們。你們有缺點，才會令我不滿意，所以必須找出缺點加以改進，否則留不住我這個顧客，甚至連我的朋友都不再向你們購買。

我可不是忠心不二的顧客，其他公司正不斷提供更好的服務，希望能賺我的錢。為了維繫我這位顧客，你們必須提供更好的服務。

我現在是你們的顧客，但是你們必須不斷讓我相信，我選擇你們是正確的，否則我會選擇別人。」

文中的第一人稱正是今日典型的顧客，喜歡吹毛求疵、見異思遷、要求又很高，不過這是全世界各行各業所面臨的共同現象，而且任何企業都不能失去的顧客。

現在的顧客都是如此，所以大家不得不重視「服務」。企業所提供的產品或服務，必須讓顧客有驚喜的感覺，企業如果能一直有令顧客驚喜的服務水準，必定能脫穎而出，因為顧客對於驚喜總是會回味無窮的。

■對顧客應有的認知

如果你是一位顧客，你希望人家怎麼對待你？如果你不是顧客，而是服務顧客的人員，你認為顧客是什麼？你要如何描述它？以下十一點可以幫助你認識顧客。

一、顧客是公司裡最重要的人。
二、顧客不必依賴你，但你必須依賴顧客，你是為顧客服務的。
三、顧客不是你事業的阻礙，而是目的。
四、顧客來訪是協助你，而你服務顧客卻非幫助他們。
五、顧客是公司的資產，是你事業的一部分，如果你把你的事業賣掉，顧客也會跟著走。

六、顧客並不是冷冰冰的物體，他們也像你一樣有感覺、有感情，你想要別人對你好，那就要對他們更好。

七、顧客並不是讓你去辯論或鬥智的對象。

八、你的職責在於滿足顧客的需要、慾望以及期待。可能的話，也幫他們解決問題。

九、顧客應該得到所有最懇切、最周到、最專業的服務。

十、顧客是你事業的命脈，記住，沒有顧客就是沒有事業，你是為了顧客而工作的。

十一、對顧客是不可以有尊卑、階級意識之分，你應以客為榮。

透過以上十一點詮釋，你對顧客服務的認知是否有些許的改變呢？是否能心甘情願地落實以客為尊的想法呢？

以下這則事例可說明對顧客的不正確認知：

有一位先生搭乘華航班機前往夏威夷，由於航程時間較長，這位先生起身上洗手間，洗手間的對面正是空中小姐準備餐飲之倉儲室，這位先生不經意地聽到了空中小姐的對話。有一位空中小姐說：「再過半小時就要準備餵豬了！」另一位空中小姐回答道：「煩死了，餵這些豬！」這位先生聽到後簡直不敢相信，自己就是她們所說的「豬」，事後這位先生將此以新聞事件披露出來，希望華航能加強改善員工的服務心態。

■顧客的要求即是契機的開始

被日本企業稱為經營之神的松下幸之助先生曾說：「顧客的要求即是契機的開始。」意指沒有要求固然是好，但若遇上了，應要能誠心尋求解決之道，你反而可因此贏得一位顧客。

外送披薩店就是個成功的案例。他們堅持「三十分鐘內送到」的原則，一旦超過時間，就會自動打八折，甚至打對折來優惠顧客。

事實上，在披薩外送的服務中，還會經常碰到客人挑剔：「我家的鐘已經過了三十分！」遇到這種情況，披薩店的外送員多半不會和客人爭辯，便自動給客人折扣。所謂「羊毛出在羊身上」，就算外送員打個折扣給客人，也不會讓老闆吃虧，反而會讓客人覺得自己占了便宜，而沾沾自喜。

由此可見，一個企業若不能輕鬆地面對自己的損失，要想建立一套成功的行銷法，恐怕是不太容易的。

總之，在價格上給予顧客優惠，即是實踐松下幸之助的經營名言，「視顧客為親家，視產品為女兒」，如果再充分迎合顧客的要求，相信必能提高企業的信譽。

■顧客至上的五個理由

或許你會說：「顧客至上豈不就是要多耗費時間和精神，我又怎麼知道耗費的心血會不會白費？」不用擔心，遲早你在這方面的努力會有可觀的收穫，理由如下：

一、這樣做表示你是真正地關心他們。顧客會聽到你所說的話，更會相信你所做的事，你所提供的產品和服務，愈和他們的需求相近，他們就愈相信你是真正能提供他們所需的人。

二、這樣做使你自豪與有自信。當你努力去探索並回應顧客特殊的需求時，你的內心會興起自豪與自信，因為你知道你能夠幫助他們，使所花的金錢沒有白費。

三、這樣做會帶來更多的生意。你設身處地想一想，如果你是一位顧客，你願意向一位沒把你放在眼裡的人購買，還是向一位肯花時間、視你為貴賓、了解你需求的人購買？路遙知馬力，顧客一定會向那些真正把他們放在心上的人購買的。

四、這樣做會克服顧客防範之心，很快地接納你。顧客至上的目的，就是幫助顧客買下對他有用的東西，人們很難拒絕誠心幫助他的人。

五、這樣做能夠淘汰競爭對手。當你比競爭對手更了解顧客，更能滿足顧客的需求，那麼你就等於沒有對手了。你的顧客對你會寄予信賴，把你視為事業的夥伴、人生的知己。所以能夠如此，全是因為你對他特別地關切。

■為什麼要與顧客建立良好關係

首先我們要注意的是，當今消費者的年齡有愈來愈年輕的趨勢，似乎很多才剛會走路和講話能力的孩子，便已知道如何開口要「糖果」和「餅乾」了，再稍大一點的孩子不但知道自己要什麼，甚至於知道怎麼去拿到手，這告訴我們今天的孩童就是明日的顧客。

其次要注意的是，人們的壽命愈來愈延長，連帶著能夠消費的年限也拉長了。由於產業自動化愈來愈普遍，使得人們工作的時間愈來愈短，為了打發這些不工作的時間，因而市場上出現各種休閒的器材或設備，運動的結果是人們比以前更健康而壽命也更長了，特別是那些已年屆花甲之年的老人，他們仍具有很大的消費能力。

第三是消費者變得愈來愈精明，他們不但可支配的所得比以前增加，同

時所受的教育也更高，因而要求的標準也提高了，更知道怎樣爭取自己的權利和運用選擇的自由，只要他們認為有必要，就毫不遲疑地表達出這個權利和選擇。這種消費意識的覺醒對於企業而言，既是一種福分，也是一種災難，說是福分乃是消費者會成為企業的堅強盟友，說是災難乃是他們也會成為企業棘手的敵人。

在過去的幾年當中，消費者對那些劣質的產品和服務發出了不滿的怒吼，他們主張有獲得優質產品和服務的權利。聰明的企業對這股消費者浪潮都做了回應，這對每個人來說都是件好事，因為不管是各行各業，大家都是消費者。當有些企業改進了產品和顧客的品質，就形成壓力，逼著那些不思長進的企業也不得不努力，結果是消費者大大獲利。事實上企業也並不是沒有好處，只要他們能確實因應消費者的需求，消費者就會用購買行動給予大力支持。過去有些消費者只看價錢，不管其他，如今他們也懂得要求產品外觀、性能和壽命。這種種現象說明了消費者的精明，也提醒企業在面對消費者時要更加謹慎。

根據調查，有七成的顧客在進了店家的大門後未受絲毫的招呼，這些人很可能從此再也不上那家店。顧客若得不到滿意的服務，有九成的人會不發一語而默默離去，這些人走出大門並非就不再購物，相反的，他們會去尋找那些提供滿意服務的企業，由此觀之，如果你失去顧客，並非顧客先拋棄了你，而是因為你不重視顧客所致。你可以讓顧客滿意，但這得靠你的努力而不能任憑運氣。只要有心為顧客的利益著想，好好提高公司的服務效率和品質，顧客很快便會看出來的。因此，你得規劃出一套策略，訓練好員工，推動顧客滿意計畫，維持和顧客良好的關係才行。

■如何增進顧客關係

在增進顧客關係上，有些企業要求他們的員工要做好 CARE 的工作，這四個字母分別代表決心（Commitment），警覺（Awareness）、褒獎（Recognition）和評鑑（Evaluation）。

一、決心

當公司高階有任何計畫，不用說總是希望員工能夠全心全力投入，然而遺憾的是不管他們怎麼說，員工似乎做起來並非那麼起勁，誠可謂「言者諄諄而聽者藐藐」。身為主管必須用行動來證明自己所言，也就是他必須做部屬的表率。如果希望部屬們能全心投入，在言談中不僅要懇切，同時還得自己帶頭示範。當部屬「看見」主管確實如其所說的去做，就會心悅誠服地相信。記住，部屬要的就是「證據」，要主管證明「他既然怎麼說

就會怎麼去做」。

任何一樣行動在公司內要蔚然成風，就需要從上到下的每位員工都下定決心投入，尤其是管理階層的決心，否則這個行動或計畫將難以受到重視，就算它推動起來也不會得到長久的支持。此外，也要鼓勵部屬能有決心，這不妨讓部屬能多參與計畫的制訂，當他們把計畫看成是自己做的，那麼在顧客關係基礎的奠定上，你已向前邁出了一大步。

二、警覺

保持警覺就是要留心顧客對你事業的期望，並進一步去因應他們的期望。

保持警覺就是時時要去注意競爭對手的動態，知道他們現在做些什麼？以後打算做些什麼？

保持警覺就是你需滿足員工對公司的期望。員工的期望未能滿足，就別奢望顧客的期望可以獲得滿足。你希望員工怎樣對待顧客，那麼你就要用同樣的方法去對待員工。

三、褒獎

褒獎乃是人世間振奮人心最具威力的一種武器。沒有一個人不希望自己的作為得到別人的肯定和讚美，我們可以說一個人之所以願意努力，最大的動力來源就是對褒獎的渴望。

當企業員工給予顧客滿意的服務，因而得到稱讚是理所當然的，身為主管必須了解褒獎的力量。要想讓你的公司能奏出服務的優美曲調，最重要的音符便是「要時時不忘懂得褒獎」，這麼做並不需要花費多大的精神，也不需要花費多少錢，只要你褒獎得恰到好處，並且發自內心，那就足夠了。

企業的成敗在於員工的表現，當他們覺得自己在這個企業中是個有價值的人，那麼他就會竭盡所能地付出。

四、評鑑

評鑑有辨識和衡量兩種意義。要能辨識怎麼做可行、怎麼做不可行，而且要能衡量出計畫執行和員工績效的好壞，有了辨識及衡量，才可以得知目標達成的程度和努力方向的對錯。

毋庸置疑地，讓顧客滿意是企業經營的最主要目的，然而你也不能光把眼光放在消費大眾身上，而忽略了其他重要事項，同時也必須知道你這位經營者和員工做得怎麼樣？身為組織內的一員，你覺得自己做得怎麼樣？就一個組織的角度來看你的企業做得怎麼樣？當你能想到這些問題，就會發現還有許多地方需要改進。

在公司內務必要建立一個全員參與評鑑的制度。從很多例子中可以看出，要想訂出任何評鑑員工績效的標準，若是有較多的人參與，往往會訂得比較公平且實際。

■顧客期待什麼

所謂顧客滿意度是指顧客對所購買的產品或服務的滿意程度，以及能夠期待他們未來繼續購買的可能性。

要購買和利用某種物品或服務的人，必然抱著一種期待，希望它能夠具備一定的功能（產品），或是希望能夠為我們做某些事情（服務）。這種期待有些是潛意識的，有些則是清楚的意念，但不論前者或後者，都可以說是一種「事前期待」。

使用了產品或接受了服務之後，如果效果超過原來的期待或能夠符合原來的期待，即可稱之為「滿意」，反之若未能達到事前期待，就會感到不滿意，換句話說，「滿意度也就是事前期待與實績評價之關係」，如果事前評價小於實績評價，顧客滿意就會成為常客，如果事前期待大於實績評價，顧客會不滿，就不會再光顧而失去顧客，如果事前評價與實績評價差不多，若無競爭對手則會繼續使用，如有較好的產品或服務，就會改變購買行動。

但是，消費者的購買行動日趨複雜，要確實掌握不再是簡單的事。尤其是「事前的期待」，會隨著資訊的氾濫和消費者需求急速變化而隨時改變，而且即使同樣的商品，所期待的內容也因人而異。

那麼顧客心中對企業的期待是什麼？

一、他們期待能物（或服務）超所值。

二、他們期望能有個乾淨、舒適的環境，能引起他們的興趣而有賓至如歸之感。

三、他們期望所碰到的人都是一副笑臉。

四、他們期望所面對的人具有專業知識，並受到充分的訓練。

五、他們期望能受到立即的注意。當你走進日本料理店時，店裡的一位服務人員喊出「歡迎光臨」，其他的人員就會群起喊出「歡迎光臨」，此種青蛙戰法頗能讓顧客有被注意、被重視的感覺。

六、他們期望你能正眼看著他們。在我們的社會裡，正眼看著對方乃表示尊重，同時也表示看重對方。

七、他們期望你能正確地叫出他們的名字。顧客真的很希望別人能叫出他的名字，為了表示尊敬，最好冠以適當的稱謂，例如先生、小姐或夫人等。

八、他們期待不只是口頭上的保證，同時還要有實際上的行動。

九、他們期望前來服務的人確實知道有關的一切。若是來服務的人有些事情還不太清楚，他最好懂得這麼說：「很抱歉，此刻我無法給您有關的答案，是否容許我去找翻翻資料，找到了我會馬上給您回話。」記住，有了承諾就必須做到。

十、他們期望對方能為他們保守祕密。朋友和你私下的談話，相信絕不會願意被其他人知道，相同地，顧客也希望你能保守你們之間的交易祕密。

十一、他們期望你能始終維持好的脾氣。哪怕是他們講話很衝或不客氣時，仍希望你能和顏悅色，保持最大的耐心。

十二、他們期望能有出乎意外的驚喜。譬如，去用餐時餐桌的花瓶中插著玫瑰花，顧客喜歡在住宿旅館中擺著巧克力、房門下有報紙，買完東西後店家會來封問候的信。

十三、他們期望你的口頭語讓人聽起來悅耳，肢體語言讓人感覺不輕浮。

十四、他們期望對方能「多走一哩路」。譬如你去加油站加油時，服務人員幫你擦拭玻璃，或者幫你檢查輪胎等，絲毫不收一分錢，這就是「多走一哩路」的服務信條。

十五、他們希望能馬上為他們解決問題。當碰上問題時，顧客希望第一線的員工能有足夠的自主權，敢主動且負責地去解決。

十六、當你犯了錯，希望能即刻改正，如果有必要也敢於主動認錯並說「對不起」。當你犯錯時千萬別給自己找藉口，而要勇敢地向顧客承認錯誤，然後即時改正，如果能再多走一哩路那就更好。

十七、顧客期望企業所訂立的制度是用來幫助他們，而不是給他們添麻煩。「很抱歉，由於公司的政策我無法這麼做」，「你得等到下星期一才能見到承辦人，這個星期他請假」等，當一個制度逼著顧客得去遵循或學習的話，那就不是恰當的制度，制度的存在應該是服務顧客，而不是為存在而存在。

十八、顧客可不願受到難堪。顧客提出抱怨是他們的權利，你辯贏了顧客，顧客難堪便從此不再光顧，如果你辯輸了，反而會讓顧客瞧不起，爭辯只會使雙方傷感情。

十九、顧客不喜歡被歧視，顧客是不分年齡、性別、體型、衣著和膚色等，只要他們上門就要給予相同的服務。

二十、他們期望「好東西要與朋友分享」。

二十一、他們期望你的企業是熱心公益且能回饋社會。

■服務顧客的禁語

　　單單一句「我可以為你服務嗎？」就有好幾種表達方式，利用肢體語言和說話的語氣，就能把這句話表達得從熱情到冷淡，甚至於得罪顧客，以下就是幾種服務顧客常犯的錯誤，應特別留意：

一、別動不動便說出「我不知道」。這句話千萬別輕易出口，因為這會讓顧客很容易失去信心。因之，公司應多讓員工了解公司的背景和有關的專業知識，這樣便不會回答不出顧客的問題。如果員工實在不知道，因而答不出，最好這麼說：「此刻我無法給您答覆，是不是可以讓我查一下，一有結果馬上給您回話，很抱歉給您添麻煩。」

二、別用「慢著」這樣的字眼。這個字眼具有不悅或不耐煩的意味，最好能改口這麼說：「是否可以請您等一下？」

三、別用「你必須」、「你應該」、「你不可以」的字眼。如果對顧客講話使用了命令的口氣，那會造成反效果，甚至於會引起衝突。應改口為「我是否可以建議您」或「您可以有這樣的選擇」，這麼說乃是尊重顧客的決定權。

四、當顧客對你的服務表示謝意而說謝謝你，不可用「嗯」回答。因為「嗯」這種方式回答表示對顧客的謝意並不重視，而應該回答「不客氣」或「謝謝」。有時候有些事情可以不管，但是千萬別忽視禮貌，因為那是教養的具體表現。

五、別說「你有所不知」，而應改成「如你所知」。因為顧客總是不願被人看扁，顧及顧客的顏面，滿足顧客的優越感往往是成交的捷徑。

六、別用低俗不雅的字眼。日本的用語常有敬語之分，使用敬語也是教養的表現，我們常說「禮多人不怪」，使用敬語表示尊敬、尊重對方，相信沒有人不喜歡被人尊重的。

七、別用怪腔亂調的口氣與人交談。根據研究發現，我們對一個人的印象，來自眼睛所看見的占55%，來自耳朵所聽到的占45%。眼睛所見的包括對方之衣著、打扮、姿態、動作、眼神、肢體動作，至於耳朵所聽到則分表達方式和用字遣詞，前者占38%，後者占7%，在表達方式上如果腔調、語氣、技巧等不佳時，都會留給別人不好的印象。

■如何贏得顧客

基本理念

· 贏得顧客並長久保有的祕訣就在於使他們滿意。
· 忘掉銷售這件事，人們喜歡做主購買，不喜歡受人擺布。所以你應該注意的是如何協助顧客買他最需要的東西。
· 你所能贏得最重要的顧客就是你自己，因為最優秀的銷售人員就是真正相信自己的人。
· 人們願意購買的只有兩樣，一件是愉快的感覺，一件是問題的解決。
· 不管你在什麼時候與顧客碰面，對顧客來說，你就代表公司。
· 給了顧客好的服務還是不夠，你還必須有技巧地讓他知道自己得到了最好的服務。
· 要想贏得新顧客，你得給自己一個黃金之問：還有哪些還沒想到的顧客需求？
· 要想保有老顧客，你得給顧客一個白金之問：我們做得如何？我們怎樣才能做得更好？

· 小提醒

> 　要有效地了解顧客，就必須仔細觀察顧客的行為，並適時地準確提問，進一步了解他們的需求。

第2章
21世紀企業的妙招
——CS經營

2-1 只有出售CS的企業才能生存

■本公司的經營目的是以顧客的滿意度爲最優先

有人說「零售業（流通業）是一種要順應潮流的行業」。但是，在目前這種時代不斷急遽變化的情況下，不只是零售業，包括製造業在內的所有企業，都必須設法適應時代潮流（企業環境），採取有效的因應之道，才有辦法使經營持續下去。

在這樣的經營環境之下，美國及歐洲目前最受注目的一個風潮就是所謂的「CS 經營（Customer Satisfaction Management）：滿足顧客的經營」。

由於生活水準的日漸提高，市場也日趨成熟化，呈現飽和狀態，企業之間的競爭也隨著愈來愈激烈，昔日所謂的商業間諜幾乎已無生存之空間。在這樣的情形之下，過去掌控在賣方的市場主導權已漸轉移到買方（顧客），時代的趨勢已漸由顧客來選擇賣者。

所以，所提供的商品及服務如未能獲得顧客的滿意，顧客就不會去購買，這也是爲什麼「顧客滿意」成爲大家最關心之事的原因。能夠提供滿足顧客的商品、服務的企業才會受到顧客青睞而繼續生存下去。換句話說，把滿意賣給顧客是企業的最高目的，也是未來想要在 21 世紀繼續生存下去的最前提條件。

基於這個事實，目前美國及歐洲的一流企業無不極力宣揚自己的公司是以顧客的滿意度爲優先，同時爲了達成這個目的，還從市場、教育等所有方面進行經營革新。不這樣的話，會失去顧客的支持，經營將無法持續下去。更糟的話甚至會被市場所淘汰。

美國凱悅飯店連鎖經營的董事長（T.Pllca）普力卡先生，曾經喬裝成服務生去了解顧客對該飯店的反應。他這種行動可謂前所未聞。其目的只是想親自去接觸顧客，藉此實際去掌握顧客的動向，使經營更能夠滿足顧客的需求，光從這個實例我們就不難了解企業是如何傾注其全力以求達到滿足顧客的目標。

■美國運通公司的顧客滿意經營

現在向各位說明在美國的滿足顧客經營的最前線情況。美國運通公司（大型的信用卡公司）是美國目前對滿足顧客之經營最熱心且頗具成果的一個企業。該公司於國內、外共發行了三千六百萬張的信用卡，同時在世界各地都設有辦事處，是一個聲名遠播的全球性企業。美國運通公司之所以如此受歡迎的祕密在於它的經營理念——使顧客的滿意實現，以及他們

在這方面所做的努力。不論在世界的哪一個地方都能享受到相同的服務，將滿意賣給顧客是他們的經營目標，爲了實現這個目標，他們不斷地進行各種努力。

商品一有缺陷很容易便形成顧客的抱怨而顯現出來，但服務的情況則不同，一方面是在印象上個人的差異很大，所以顧客究竟是感到滿意呢？或是覺得不滿呢？比較不容易去了解。另外，商家爲顧客所考慮到的一些服務，有時對顧客而言未必都是他們所需要或是覺得好的。

因此，他們對會員做了以下的調查，藉此算出「顧客滿意度指數（Custome, Satisfaction Index = CSI）」以資確認。

①由美國運通公司自己進行的顧客滿意度調查

針對該公司所提供的商品內容、職員的待客態度、電話應對、遣詞用語等項目，進行顧客滿意程度的問卷調查，以進行確認。

②委託外部的調查公司進行顧客滿意度的調查

委託外部的調查公司對法人會員進行電話訪查，以確認其滿意程度。

③針對新的服務需求進行調查

顧客總是不斷要求更方便的服務，所以公司乃針對目前顧客所需要的服務進行調查。

利用這些調查掌握顧客的滿意度，再針對滿意度低的項目做徹底的改善，不斷努力去提高滿意度。然後再根據顧客的要求追求新的服務，以提高服務的品質。由於這一連串的努力，美國運通公司才能受到顧客的支持、不斷成長。

■ J. D. POWER 公司的「顧客滿意度調查」

除了前面提及的美國運通公司之外，美國許多企業也都著手實施顧客滿意的經營，其中由第三機構的市場調查公司所進行「顧客滿意度調查（CSI 調查）」也備受矚目。

J.D. Power 公司自 1981 年開始每年都會對美國的汽車進行顧客的滿意度調查，這個調查結果對顧客的購買心理影響極大，所以汽車廠商都很在意這項調查結果。因此各汽車廠商除了進行滿意度調查之外，也會充分參考這項調查結果以進行其 CS 經營。根據第 5 次的顧客滿意度調查結果，美國豐田高級車銷售部門的「Lexus」與美國日產高級車銷售部門的「Infiniti」兩者同時躍居第一名，進級迅速。

這項調查是以所有 1～2 年內買進新車的全美駕駛人（二萬三千人）為對象，針對車的品質、經銷商對車子的知識、零件調配與修理的速度、修理費等服務水準進行調查。指數是與第 1 次（1986 年）調查的業界平均（一〇〇）做比較，結果「Lexus」與「Infiniti」兩者的指數都為一七〇，榮登第一名，第三名的賓士則遠遠落後。美國 HONDA 的高級車部門「Acura」自 1987 年以來四年蟬聯冠軍寶座，這次則退居第四名。

表 2.1　J. D. POWER 的顧客滿意度指數（CSI）

91 年	90 年	部　門	指　數
1	—	LEXUS	170
1	—	INFINITE	170
3	2	BENZ	147
4	1	ACURA	146
4	5	HONDA	146
6	3	TOYOTA	144
7	10	AUDO	140
8	4	CADILLAC	139
9	7	BUCK	137
10	10	BMW	132
		業界平均	127

■「美國航空公司受歡迎的排行榜」

美國消費者情報雜誌「Consumer Reports」七月號發表了一篇稱得上是航空公司滿意度調查的「美國航空公司人氣排行榜」。

調查項目包括機內餐飲的內容、座位的空間、起降時間的準確度、服務人員的應對等等，調查對象是該雜誌的讀者（十四萬人以上）。調查結果以阿拉斯加航空排行第一，墊底的是夏威夷航空公司。

有關機內餐飲方面，阿拉斯加航空所得評分接近滿分，該公司所提供每一位乘客的餐飲費用平均為 7.5 美元，相對的夏威夷航空卻只有 1.54 美元。因為業績不良而縮減經費的動作很直接地反映在機內餐飲，而這又形成不受顧客歡迎的惡性循環。

像這樣地，美國的各專業機構都各自進行著嚴格的顧客滿意度調查，可說競爭相當激烈。這就是目前美國企業所面臨的環境，其競爭之嚴苛非外人所能想像。

表 2.2　美國的航空公司人氣排名

順位	航空公司名	評分	順位	航空公司名	評分
1	阿拉斯加	83	8	西　北	68
2	達航（Delta）	76	9	US	67
2	美　西	76	9	環球（TWA）	67
4	西　南	74	11	大　陸	66
5	美得威（Midwave）	73	12	泛　美	65
6	美　航	72	13	東　方	64
7	聯　航	70	14	夏威夷	62

註：關於各顧客服務以 6 等級評價。以 100 分為滿分所得之評分。調查期間從 1989 年 1
月至 1990 年 5 月止。

· 小提醒

　　由於市場走向成熟化，市場的主導權已由賣方轉移到顧客，現在企業最要關
心的事是如何使顧客感到滿意。

2-2 「以顧客為首務」的經營起死回生的日產汽車

■公司內部的上下關係不如「顧客」重要

日產汽車是日本從事顧客滿意經營獲得極大成效的一個企業實例。而居功厥偉的是 1985 年就任董事長的久米豐先生（現任會長）。當時日產汽車的經營績效處於谷底狀態，1986 年的情況更是慘澹，營業成績創下了 51 年創業以來的第 1 次赤字記錄。銷售占有率下降、勞資關係不良，企業形象也不值一提。

在這種狀況之下，久米董事長向所有的員工提出「改變潮流」的呼籲，並著手改革公司內部的體質，創造新的企業文化。在公司方面則致力建立一種給予人信賴感與親近感的風氣。

他首先著手的是改變經營理念，把「顧客為首務」的經營奉為圭臬。不論任何企業，組織變大後容易形成的一個缺點就是上下的關係會僵化，上下的關係會由價值判斷來做主導。也就是員工會看上行事。

後來，久米社長發覺這樣不行，公司內部的上下關係不是最重要的，最重要的是顧客。他開始把員工的注意力轉向顧客的身上。他認為這是公司應遵循的方向、目標，所以一直稟持著這個理念推動經營。

這裡有一點要注意的是他所強調的「以顧客為首要之務」，所謂首要之務即「最重要的工作」，它是無法動搖的真理。相對的，「顧客第一主義」則只是一種觀念，內容不大相同。感覺起來好像很相近，其實意義差別甚大。

許多企業沒有注意到這點，大部分都只講顧客第一，但久米社長則強調其間的不同。由這裡也可以看出他在「顧客滿意」上所付出的心力。在剛開始發表新的企業理念時，公司內不斷有職員對此感到混淆，所以在舉行公司內部的會議時，只要發現有人用法錯誤，便會立刻予以糾正。他把「顧客滿意」列為最優先當作是企業的理念，所有人員以此為目標重新出發。

■要能獲得顧客滿意，才能真是一部好車子

為使顧客的滿意實現，公司利用商品開發與銷售兩者展開具體的活動，其基本是一切都站在顧客的立場來看事情。

首先在商品開發方面，長久以來即有所謂的「技術的日產」一語，但這

企業理念

我們以「顧客的滿足」為首要之務，以此創
造顧客、開拓顧客，進而貢獻社會，使其更
加富裕。

經營指南
①經常與世界市場保持高度的聯繫，利用創
　造性、高可靠性的技術，創造魅力的商品。
②經常以顧客的心為心，稟持一貫的誠意及
　不懈的努力，提供顧客最大的滿足。
③經常著眼於世界，以世界為活動之舞台，
　培養強健的企業力，與時代一起成長。
④經常勇敢地挑戰新目標，培養一個富有行
　動力、活力十足的企業人集團。

圖 2.1　日產汽車的企業理念與經營指南

句話只是技術者自己的滿意，認為「我們能生產這麼好的車子！」。但是
技術再卓越的車子，如果顧客不能感到滿意就不能算是真正的好車子。

　　換句話說：「唯有能使顧客感到滿意的車子才能算是好的車子」，這個
觀念對技術者而言是一個相當大的意識改革，它從「生產者滿意的車子」
跨向「顧客滿意的車子」。

　　在這樣的觀念之下，商品開發方面設置了商品本部，從方針階段開始，
一切便以商品本部的市場調查部隊為中心參與這項活動。日產汽車的企業
風氣就在這樣的情形產生變革，開始了顧客滿意為首要之務來生產汽車。

　　公司的目標不是把車子當作硬體來賣。而是把車子當作一項道具向顧客
提議新的生活形態。也可以說是從「銷售技術」轉換為「銷售文化」。因
此，日產認為模糊不清目標無法確定攻擊的方向，所以汽車生產首先應使
目標的顧客層、年代明確。在這樣的一個轉變之下，使得顧客的滿意急速
提升，銷售業績也跟著急速增加。

　　成為這個情勢之導火線者為前導車「Be-1」。從企劃階段到銷售，它都
打破過去汽車製造的常識，以「超常識的戰略」在汽車業界引起一陣旋風。

　　為了了解主要訴求對象之年輕人的需求與感受，除了設法徹底去了解年輕人之外，並從「如何才能使年輕人感到滿意」的觀點去進行企劃工作。這種企劃不是以生產者的立場為導向，而是深入了解市場需求，以使用者的立場去做的企劃。

　　另外，在商品的開發上也努力做到與企劃意念一致。很多時候一旦進入商品化階段，就會出現技術上的問題，很難完全依照企劃進行。過去常會碰到好不容易的好設計卻在技術面上遇到瓶頸，使得不得不變更設計的情形，但是「Be-1」則以設計為優先，再做技術上的改良，使設計得以完全依照當初的企劃進行。

　　像這樣地，「Be-1」一切都以主訴求的顧客層的滿意為觀點進行開發工作，也正因為如此大受歡迎。由於「Be-1」的大暢銷，日產汽車深切地感受到回應，後來更以同樣的方針進行汽車生產，「Sima」、「SEFIRO」、「PAO」等也連續締造了轟動。

■上市前做新車發表，打破過去汽車銷售的常識

　　在商品開發方面，無論你開發了如何令顧客滿意的車子，如果銷售階段無法讓顧客覺得滿意，則之前的一切努力都將付諸流水。因此，在銷售方面它仍是以「顧客的滿意」為首要之務，以這個觀點打破既往的銷售常識，採取新的銷售方法。第一個方法便是事前通知新車的發表。

　　就常識來說，所有的汽車公司都會在實際上市之前夕才做新車的發表，為的是怕新車的情報流到其他公司，所以嚴守機密。但是這種方法只是配合企業本身的方便，是以企業本身的立場行事，對顧客而言只會令其感到不滿與不悅。

　　例如顧客購買完新車就立刻發現有更具吸引力的車子發表上市，於是顧客難免要抱怨：「如果知道馬上就有這款車子上市，早知道就稍等一陣子再買這款車。汽車公司為什麼不告訴我們這些訊息呢。未免太不周到了！」等等。

　　在新車發表時總是會聽到顧客這類的抱怨，有的顧客甚至把怒氣發洩在公司上。在面對顧客這樣的反應，大部分的公司總是認為「這也是沒辦法的事」、「這是汽車行銷的常識」，無視於顧客的不滿，繼續採行同樣的銷售方式，把公司的利益擺在顧客的利益之上。

　　因此，「新的外型變更與新車的內容事前絕不漏口」幾乎已成了汽車業界的銷售常識。久米社長對此則持不同的看法，他認為「這樣的作法對顧客未免太不親切了！」

　　所以便決定在新車實際銷售的一段時間之前就舉行新車的發表。這樣

的作法對顧客而言不啻是一項福音，也是過去銷售常識的一百八十度大轉變，當然這樣的作法在公司內部也遭受到不少反對之聲。但是，久米社長不顧一切反對聲浪，仍堅持實行。

最早進行銷售前發表的是高級車「Sima」。發表時是該車實際上市銷售的半年前，也是發表 Cedric 車型變更之時。依照過去的作法只會簡單發表：「這是新的 Cedric 是本公司最高級的車種」，然後就進入銷售。但是，公司內部已知 6 個月後將推出「Sima」，所以在發表的時候同時做此聲明：「再過半年會發表更高級的車種。欲購此車種者請再稍待半年」。6 個月後將推出「Sima」這個消息要保留不發表也是可以做到的，但為了不辜負顧客對日產汽車的期待，乃打破過去以來的常識，毅然地做到了上述的發表聲明。

「Sima」的事前發表雖然在公司內引起部分人的反對，但顧客則是理所當然地以善意看待這件事情。由於買 Cedric 外形改造車的人都是心甘情願之下購買的，所以即使後來再發售「Sima」，也沒有人會感到不滿。想要買更高級車種的人則以一種期待又緊張的心情，等候半年再購買「Sima」。事前發表反而能讓顧客對高級車產生期待，引起話題造成轟動，這也是「Sima」後來能夠熱賣的原因之一。

■可一次看到所有系列車種的汽車百貨公司──Apriti

日產公司在「以顧客的滿意為首要之務」的原則之下所展開的第 2 個新銷售戰略是創立汽車百貨「Apriti」，讓顧客能在此店中看到日產汽車的所有系列車種。

其他的汽車廠商就無法像這樣掌握自己公司的所有車種，通常是以不同的幾種管道去掌握不同的車種。這種作法也是汽車銷售的常識，但是這畢竟也是以廠商自己的方便為主，以廠商為優先的銷售方法。對顧客而言，他們因無法一次看到所有的車子，無法做比較而形成不便，也因為如此而感到不滿。

久米社長對此銷售常識也提出了異議：「以顧客的觀點言，一次就可以看到所有車種是比較省事的」。於是便在 1987 年 12 月東京的荻窪創立了所有系列車種的匯集店──Apriti，在這裡顧客可一次看到日產汽車的任何系列車種。日產汽車有以下的五個系列車種的行銷管道，有了 Apriti 之後，一次就能看到這所有的系列車種，稱得上是汽車的百貨公司。系列的（　）中是主要的銷售車種。

①日產系（Bule Bird）
② Motor 系（Cedric、Rorel）

③ Prince 系（Sky Line、Gororia）
④ Sunny 系（Sunny）
⑤ Cherry 系（Pulser）

開設 Apriti 需要廣大的土地，開店並非易事，但是考慮到顧客的方便，仍由大都市向地方都市順次推廣展開，受到顧客的廣大歡迎。

日產公司在上述這些作法之下，推動其「以顧客的滿意爲首要之務」的 CS 經營，結果除了大家感受到「日產改變了」，廣受顧客的信賴與支持之外，也急速地拓展了其銷售業績。

1990 年 3 月期的固定收益達一八○○億日幣，逼近豐田汽車的三分之一強（豐田 1986 年 6 月期的固定收益約五七○○億日幣）。

日產汽車將其經營理念改變爲「以顧客的滿意爲首要之務」，改變企業風土，以商品開發與銷售兩者實踐其 CS 經營，只憑藉著這些就使日產有如此輝煌的蛻變。

・小提醒

　　「以顧客爲首務」的經營理念，再配合商品開發，銷售戰略兩者來推動超越常識的經營，成功地重建事業。

Note

2-3 以「AS運動」追求顧客滿意的丸井企業

■向「日本服務最好之店舖」的目標前進

丸井公司是零售業中很早致力於以顧客滿意爲目標之經營且得到明顯效果的企業。一提到丸井馬上令人想到「信用」兩字，每個人對丸井都有深刻的印象，知道這是一家信譽良好的公司。它的訴求以年輕人爲對象，集合了所有流行前端的品項，自 1963 年股份上市以來，締造了三十期連續收益提高的驚人紀錄。

丸井一直維持著高成長的業績，締造此高成長業績的一項祕密是它以「所有一切都爲達到顧客的滿意」爲座右銘，展開以追求顧客滿意爲目標的「AS（Amenity of Shopping）運動」。

AS 運動開始於 1985 年 3 月，青井忠雄社長一直稟持的一個理念是「最終影響零售業等級差異的將是服務的品質」，他爲自己訂立了一個遠大的計畫，那就是要使丸井成爲「日本服務最好的店」。

丸井以「將好的東西以便宜的價格、方便地提供顧客。我們比任何一家店還要更親切」爲公司的基本方針。關於前半段的「將好的東西以便宜的價格、方便地提供顧客」，在過去已發揮了相當大的效果，成功地使顧客感到滿足。接著則是再接再厲於「比任何一家店還要更親切」，設法在與顧客接觸的銷售方面也提供顧客滿意。它從銷售的商品與銷售時的服務兩方面雙管齊下提供顧客滿意，讓顧客總是會想「再到丸井去購物」。

—— AS 運動的主旨 ——

①實行公司的基本方針「將好的東西以便宜的價格、方便地提供給顧客。我們比任何一家店還要更親切」，藉此提供顧客最大的滿足。

②以「顧客至上」的理念爲依據，使商品、形象、機能與人之間彼此互動，藉由這樣的全公司的服務改善來達到與其他商店的差別化「TL（Total Identity）戰略」。

③四要素之中特別以「人的服務」爲焦點，在待客方面特別注意以誠心待人，使顧客賓至如歸。

④藉由 AS 運動的推行，隨時不忘對顧客抱持感謝的心情，以人的交流確立能提供高度服務、精煉的「企業文化」。

■由青井忠雄社長領導推行的全公司性大運動

　　丸井的 AS 運動不只是銷售部門進行運動而已，它是一個全公司性的大運動。而且，不只是丸井本身而已，包括丸井集團在內，也都實行這個運動。這點是它最與眾不同的地方。

　　但是，儘管在丸井的店頭能提供給顧客滿意，如果負責配送等階段的關係企業的人員態度不佳，顧客最後還是無法獲得滿足，之前的努力也將付之一炬。因此，包括丸井集團在內都大力展開這項 AS 運動。從銷售到配送，乃至售後服務的整個階段，無不設法提供顧客滿意。

　　另外特別值得一提的是青井忠雄社長親自擔任主任委員這點。丸井擁有許多個委員會，但只有 AS 運動是社長親自擔任主任委員，從這裡不難看出其全力推動 AS 運動的用心。由社長親自陣前領隊，使勁地帶動著整個組織前進。

　　進行 AS 運動需有其基本理念為支柱，而那便是「零售業是以人為主體的行業，所以重要的是以人的心來擴展企業」，丸井稟持的就是這樣的一個理念。

■一切努力都為獲取顧客的滿意

　　AS 運動委員會的具體活動是設定提供顧客滿意的主題，並致力推行 PR。AS 委員除了對所負責的營業店進行指導、建議外，並找出問題點進行檢討與改善。各營業店也有 AS 運動的組織，在初級經理人員之下，以 10 人左右為單位編成 AS 小組，依據主題進行活動。

　　AS 活動每年會決定活動主題，再針對「基本觀念」、「重點實施項目」、「具體展開方法」等，以簡明容易理解的方式提示給所有人員。

　　1991 年度的 AS 活動主題是「新創業、一切都為顧客的滿意」，以「人」為重點展開運動。重點實施項目方面以「入口」及「出口」為重點，設法達到愉快迎接客人，恭送客人離去的目標。

　　根據「第十次顧客反應問卷調查」的結果顯示，與人有關的項目方面，回答為「否」的意見占全體的 52% 之高，而其中對於「等候」與「打烊」持否定回答（不滿意）者占 78% 之多。1991 年度為了解除顧客的這些不滿反映，更是統一所有的店，徹底執行這項活動。

　　具體的展開方法是使每個職員培養三個 S（Sense、Smart、Smile），使每個人員都能給予人舒服、愉快的感覺。為了實現這個目標還特別發行了「As Passport」的小冊子，內容以簡明的方式指導如何以舒服、愉悅的態度接待客人。

■將顧客的「不滿意見」完全反映給委員會

丸井認為要提供顧客滿意，首先最重要的是去除顧客的不快。所以對於顧客的意見都會徹底傾聽，並設法消除其不愉快。不愉快包括有不平、不滿、不便、不良、不需要5種，丸井稱之為「五大不」。

想要使這「五大不」消除，先決條件是要去發掘五大不。為此它利用以下的方法去傾聽顧客的心聲。然後將蒐集到的顧客意見反映給AS運動委會進行檢討，同時立即著手服務的改善。

(1) 於各營業店分派「顧客諮詢負責人」

為了能夠了解顧客心裡的想法，各營業店都分派專任人員，負責回應、解決顧客的問題。負責人員都由專業的課長級人員擔任，他們除了與顧客懇談，迅速處理客人的抱怨問題之外，還負責蒐集顧客的情報。

(2) 利用「情報蒐集卡」反映顧客的意見

顧客內心的一些意見，常存在於他們與銷售人員在店裡的一些交談之中，所以致力於現場的情報蒐集。為此，各營業店製作了自己的「情報蒐集卡」。每一位銷售人員會報告每天的狀況，經由AS小組長會議檢討之後，針對應改善之處，立即著手改善工作。例如：客人反映店裡應免費提供嬰兒推車供攜帶幼兒的人使用，公司立即著手準備，博得了客人的一致好評。

為了提高情報蒐集卡的效果，公司規定卡中記載之內容必須是顧客的直接意見，不得擅加修飾。顧客的一些意見有時難免聽起來刺耳，對於這些若擅自修飾或只報告其中的一部分，顧客的真正意見將無法正確傳達上來。一些寶貴的意見可能因此胎死腹中。

再者，為使顧客的意見能夠更容易地如實報告，情報卡的內容方面絕不做個人性的攻擊。由於有這樣良好的傳達管道，現場的一些顧客意見得以不斷反映到公司內層，公司也才能迅速地採取改善措施，使顧客獲得滿意。

(3) 實施「客戶意見問卷調查」

公司不只是等著顧客自己來表達意見，還以「客戶意見問卷調查」的方式，積極探求顧客的需求。這項調查每年舉行二次，它從顧客當中抽樣選出受訪者，將問卷郵寄至客戶家中，針對銷售人員的問候、服裝、遣詞用語等進行深入的調查。這項定期性的調查，不但將顧客的滿意度數值化，也掌握了顧客感到不愉快的地方及服務方面的弱點。這些都是擬定下一次

AS 運動戰略的參考資料。

　　像這樣地，丸井不斷地傾聽顧客的意見，努力去發掘顧客不滿意的地方，為提高顧客的滿意度幾乎卯足全力。而這些都是丸井立於不敗之地的祕密。

· **小提醒**

　　青井忠雄社長親自陣前領軍，以「一切努力只為顧客的滿意」為主題，推動整個公司的大運動。

2-4 提倡引進CS經營的日本效率協會

■推動 CS 經營的先鋒者

在美國有以 J.D. Power 為首的第三機構進行「顧客滿意度調查」等等，對 CS 經營的發展貢獻極大。日本方面目前也有社團法人日本效率協會（由三上辰喜擔任會長）以第三機構的身分，積極展開 CS 經營的普及與支援活動。它在 1991 年 5 月實施日本首次的「產品與服務的顧客滿意度調查」，除了備受產業界的注目之外，也以先鋒者的角色推動了日本的CS 經營。

日本效率協會開始著手有關 CS 經營的種種是在 1989 年的 9 月。當時尚未使用「CS 經營」一語，但已提出「服務也有品質」的標語，提倡「服務品質」與「生產力革新」等多項建言。

在內容方面，它強調：「服務與商品的經營相較，具有①無形性；②生產與消費是同時進行的；③依存人力等基本特質，在經營上具有其難處」，但仍呼籲：「積極地推動經營活動才能提高服務的品質，使顧客獲得滿意。」它同時提出下列 6 個提案做為提升服務經營的要訣：

①重新確立服務的理念、方針。
②重新建立標準化。
③建立安全品質體制。
④實施生產力革新的對策。
⑤強化連續開發事業的能力。
⑥革新服務方面的關係企業的經營。

在提出建言之後，它接著發表優良服務與不佳服務的排行榜，提高了大眾對服務的關心，尤其是媒體報導的關心。

■美國本田汽車廠的 CS 經營為其導火線

引起更大關心的是（當時本田技研工業的專務）入交昭一朗先生在為「服務品質、革新生產力的建言」所召開之座談會中的談話。在他的談話中指出，美國本田汽車廠曾以美國 J.D. Power 公司所實施的「顧客滿意度調查」的龐大數據為參考，著手提高品質，使得本田得以在美國的汽車市場闖下一片天地。

想要提高服務的品質，必須先確實了解自己公司的服務品質，所以它以一年前買進新車的顧客為對象，每月進行一次有關營業人員的待客態度及售後服務等等的問卷調查。除了藉此去了解顧客的滿意度之外，對於顧客

感到不滿意的地方，也徹底設法去改善。本田公司還向經銷商發表自己進行的 CSI 調查，對於 CSI 低的經銷商則指派指導人員進行強力的指導。

這樣的努力終於開花結果，美國本田汽車廠在 1986 年 J.D. Power 公司所進行的「顧客滿意度調查」中，獲得受歡迎之汽車的第一名。直到 1990 年爲止，它連續五年獲得第一名，其間的銷售台數由 69 萬台大幅增加爲 85 萬台。

入交先生這一段有關美國本田廠的成功故事令參加座談的人深受感動，同時也讓他們了解原來服務這種無形的東西是可以用定量方式來表現的。

另一方面，主辦這場座談的日本效率協會聽到了入交先生的報告及看到參加者的強烈反應後，也開始對服務的品質做更深一層的研究。從此之後，服務品質的上位概念──「CS」，也開始受到了注意。

從 1990 年的 4 月開始，由日本效率協會的畠山芳雄副會長擔任領導人，集合日本效率協會諮詢。日本效率協會綜合研究所的專家，定期對製造業及非製造業的服務問題、以顧客爲主之經營等進行研究。同時派遣考察團到美國考察 CS 經營，與海外的 CS 顧問公司交換情報、蒐集 CS 情報，同時將這些研究活動的內容整理成「CS 經營之建議」於 1991 年 7 月發行，大力提倡 CS 經營的重要性。

■實施日本最早的顧客滿意度調查

比發行單行本更具衝擊力的是該協會在 1991 年 5 月所進行的「顧客對產品、服務的滿意度調查」。這項調查以二千人左右的首都圈消費者爲對象進行，目的是爲了促進產業界走向 CS 經營。這類的調查在日本是首次的嘗試。

過去的各種排行調查，除掉與業績有關者之外，大部分的調查都偏向於受歡迎度、名氣等印象方面的調查。它的缺點在於很難與企業的經營革新活動扯上直接的關係。但相對的，「CS 調查」是站在直接承受企業活動結果，即從顧客的立場來看其滿意度，所以可以讓顧客所看到的問題及課題明白浮現，然後直接反映給經營革新的活動，這也是它的優點所在。

關於「CS 調查」所採用的調查方法及其調查結果，後節將有詳細說明，這裡我們先以下圖介紹各業種的滿意度排名情形。本項調查裡所說的滿意度是指與事前期待比較之的滿足感，即該人與事前期待比較之下的滿意程度。

就整體來看，首先給人的印象是滿意度「偏低」。其中只有自用轎車一項獨占鰲頭，滿意度最高，達 52.9%。表中這些數據忠實地反映出在激烈的銷售競爭中，各廠商致力追求顧客滿意經營的努力結果。相對的，其中滿意度最低的是市、區公所，感到滿意的人只有 14%。長久以來一般咸

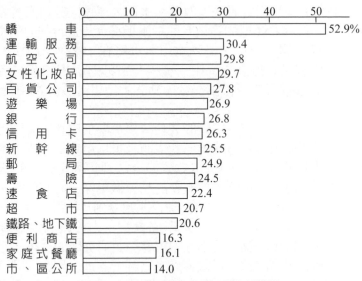

圖 2.2 　 滿意度高的企業排名

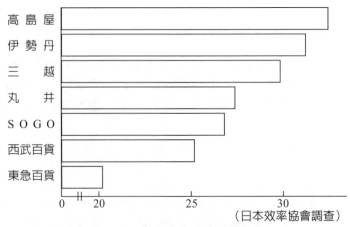

（日本效率協會調查）

圖 2.3 　 百貨公司的滿意度排行

認為公家機關的服務比民營企業差，而這次的調查則明確地顯示了這項事實。

　　繼市、區公所之後，滿意度較低的是家庭式餐廳、便利商店，而這個事實正好反映了這類商店存在著慢性的人手不足的問題，以致無暇顧及服務品質的提升。暫且不管滿意度的數值如何，這些排名對那些滿意度相對偏

低的業種而言，不啻是一大警告，意味著他們必須積極努力做好提高顧客
滿意的經營才行。

■高島屋的顧客滿意度高居百貨業的首位

各業種、業態的個別滿意度排行也在同時做了發表。此處以百貨公爲例
做介紹。

百貨業中位居第 1 的是高島屋。其滿意度是 32.3%，即 3 位高島屋的
顧客當中就有 1 位會感到滿意。第 2 名是伊勢丹（31.0%），其次是三越
（29.5%），丸井（27.2%），SOGO（26.6%），西武百貨（25.0%），東
急百貨（19.9%）。

就滿意度的項目別來看，前 3 名的三家公司都是以顧客對「店員態度、
措辭」的滿意度最高，即百貨公司在待客服務方面的努力最受到顧客的肯
定。就年齡別來看，20 多歲的顧客滿意度最高的是伊勢丹，60 幾歲者則
偏愛高島屋。

各業種、業態的滿意度排名發表之後，企業對此都非常的重視、在意。
正如 J.D. Power 公司的 CSI 調查結果對銷售台數及顧客的購買心理造成極
大影響一般，日本效率協會的「CS 調查」當然也發揮了不可忽視的影響
力。

從這個意義來看，日本效率協會以第三機構立場所進行的「CS 謂查」
是具有劃時代意義的，對促進 CS 經營扮演了推動的角色。該協會的「CS
調查」今後會像美國 J.D. Power 公司的調查一樣，每年定期舉行。俟其廣
泛普及之後，應該可以成爲表示日本顧客滿意度的一項權威性指標。其日
後的動向可說是備受各方矚目。

日本效率協會以此進行其 CS 經營的研究與「CS 調查」，但它廣泛向
公司提倡 CS 經營是在 1991 年 7 月東京的明治紀念館中，集合了三○○
位參加人員的特別演講會上。

會中除了提倡邁向 21 世紀的經營思想──「以有組織的方式不斷創造
滿足顧客之經營」外，還發表將透過有關 CS 的諮詢及教育、衡量診斷事
業等等，具體支援企業走向以消費者要求與意見爲主導的經營。

以日本效率協會爲中心，日本終於也開始朝 CS 經營前進，展開其實踐
活動了。

·小提醒

> 日本首先以第三機構身分實施「顧客滿意度調查」，同時進行顧問諮詢、教
> 育，強力推動 CS 經營的組織。

Note

第3章
CS經營的觀念、應有的形態

3-1 為何現在要進行CS的經營？

■顧客的滿意度不再只是方針、原則，而是要實踐完成

前面我們說明了美國與日本目前 CS 經營的狀況，相信大家都能理解在今後日趨嚴苛的經營環境之下，CS 經營將是何等重要。

但是，相信有的人私底下會存著這樣的疑惑：「為什麼現在要進行 CS 經營？」或「以前也有顧客的滿意這句話，為什麼現在要重新強調？」

確實，過去也有「顧客的滿意」、「顧客至上主義」、「顧客優先主義」等等用語，用語本身並不是什麼特別不同的新詞，只是一句我們經常聽到的話。既然這樣的話，現在所要強調的又是什麼呢？嚴格來說，過去所說的「顧客的滿意是進行經營的一種原則、手段」，然而現在說的顧客的滿意則是「經營的究極目的」，它不是經營的手法，而是經營的真理。

這樣說的話，一些過去以來即以顧客的滿意為經營之究極目的且確實付諸行動的企業，可能指責我們這種說法，但是大部分企業所談的顧客滿意，顧客優先等都只是形式的理論，實際未必如此，一貫都是進行著以企業為優先考慮的經營。所謂的顧客的滿意僅止於是一種精神論而已，即使如此，經營還是有足夠的條件成立。

但是現在不同了，由於市場的成熟化，企業之間的競爭日趨激烈，把顧客的滿意當作是一種理論、權宜之計的想法已經行不通。如果無法以實際行動去完成它，將無法受到顧客的信賴與支持。換句話說，時代的趨勢已走向必須去實踐顧客的滿意，以顧客為優先的時候了。經營是無法再靠著原則論、精神論維持下去了。

雖然這些聽起來有些老生常談，但目前世界各地對 CS 經營都極為重視、關心，卻是不可否認的事實。一個企業想要永遠地生存下去，確保利益固然是至上的使命，但是不是從確保利益之處著手展開經營，而是從追求顧客的滿意出發，確保利益是它的結果。

因此，它與過去的經營觀念有著很大的差異。若以稍微誇張的說法來表現的話，甚至可稱之為經營的革命。它所伴隨的當然是經營組織的改變。以往以企業利益為優先的經營組織是一種以最高經營者為頂點的金字塔經營，但是以顧客滿意為優先的經營組織則正好相反，是一種倒立的金字塔。

由於最重要的是顧客的滿意，所以首先要有顧客。其次重要的是在第一線與顧客直接接觸、實現顧客滿意的從業人員。然後才有背後支援第一線奮鬥之從業人員的現場管理者、中間管理者與最高管理者。

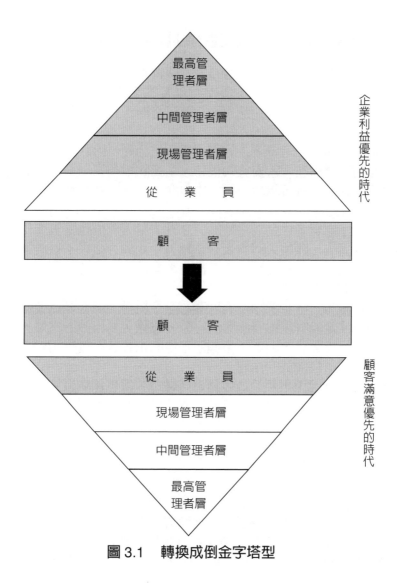

圖 3.1　轉換成倒金字塔型

　　經營組織變成倒立的金字塔狀並不表示管理層階層的權威已墜落，而是管理者的角色任務有了改變。和過去一樣，他們還是要負責經營戰略的設定，除此之外，支援第一線的從業人員以實現顧客的滿意是新賦予的任務。

■由推進 CS 經營的第三機構進行「顧客滿意度調查」

使 CS 經營成為企業注目焦點的另一個背景是第 2 章介紹的 J.D. Power 公司所進行的「顧客滿意度調查」以及消費者情報雜誌「Consumer Report」所進行的「美國航空公司受歡迎的排名」等由第三機構所進行的調查發表。

美國從很早開始，消費者主義的思想即已抬頭。由甘迺迪總統所發表的「消費者的四項權利（①安全的權利、②知的權利、③選擇的權利、④反映意見的權利）」就可以看出這其中包含了以消費者之利益為最優先考慮的思想。

因此，除了消費者運動活潑地展開之外，第三機構也獨自進行各業界的顧客滿意度調查，開始大肆發表調查結果。此調查結果不只是單純的受歡迎程度的排名而已，對商品的銷售額也影響甚鉅，同時也開始成為消費者選擇商品時的考慮因素。

基於這些趨勢，各企業除了高度關心第三機構的顧客滿意度調查之外，也不得不設法走向實現顧客滿意的經營。它除了列出排名之外，還明確地利用數字加以指數化，因之結果顯示不佳的企業若不付出相對的努力，可能就要面對被市場淘汰的命運。

日本目前的情況還不至於像美國這麼嚴苛，但也逐漸發展成這種情形。很早以前就有「生活手帖」的雜誌以第三機構的立場對商品使用結果進行發表。它以客觀、公平的態度進行調查，使粗製濫造的商品受到嚴苛的評價，也使得消費者不再購買這些商品。

最近日本效率協會和 J.D. Power 公司一樣，大行實施滿意度調查，媒體也大舉報導這個消息，使得日本企業無法再若無其事、安逸地從事其經營。日本的消費者和美國的消費者一樣，會依據滿意度調查的結果，仔細考慮其購買意向。所以實現顧客滿意度成了顧客的至上命令。

日本的顧客環境會愈來愈與美國相近，無法實踐 CS 經營的話，將得不到消費者的支持。日本的 CS 經營雖然才剛有了頭緒，但預料將會強力地推進。

■斯堪的那維亞航空公司是 CS 經營的緒端

CS 經營目前逐漸普及，但若從歷史上來看，CS 經營的緒端應該算是斯堪的那維亞航空（SAS）公司的服務經營。該公司於 1980 年代以後業績開始不振，新任老闆卡魯森・楊以「關鍵時刻（Moment of Truth, MOT）」為基礎，使經營轉敗為勝。

　　所謂「關鍵時刻」是指顧客與第一線工作人員的接觸點是重要的關鍵，這個時刻是否能使顧客感到滿意，將決定整個經營的命運。為了提供顧客滿意，他對所有的員工進行意識革命，除了在與顧客的各個接觸點上加強提升服務之外，還為商業人士設置新的特別艙，同時貫徹時間的管理等等。

　　由於這些改革使得 SAS 的名聲一舉高升，成功地重塑形象。其他的公司遇到業績不振都靠裁員、削減經費的方法來解決困境，但 SAS 則一概不採用這些對策，而以 CS 經營致勝。SAS 的成功傳到美國後，美國也開始引進這種經營方式。

・小提醒

　　市場成熟化所造成的企業之間競爭的日趨激烈與第三機構的「顧客滿意度調查」是推動 CS 經營的背景。

3-2 獲得滿意之顧客將是最好的銷售員

■口頭相傳的效果會帶來新的顧客

航空業在面對不景氣時，多半會以裁員、削減經費來挽回經營的劣勢，但斯堪的那維亞航空公司則不採取這類消極的作法。它從與顧客的接觸點上著手提升服務，最後成功地反敗為勝的事實，不但震驚了同業，也使其他業界刮目相看。

過去的經營一遇到業績惡化都是以削減經費的減量經營為絕對之信條，所以 SAS 航空的作法不但是同業，連其他業界都感到很新奇。這不但說明了提升服務的重要性，也證明了不需採取減量經營，只要整個公司進行意識上的改革，引進 CS 經營，企業仍可能繼續成長。因此，卡魯森‧楊董事長所引進的 CS 經營法，可謂深具意義。

為什麼 CS 經營會具有這麼大的效果呢？下圖是其過程的解剖。

顧客如果對一個企業所提供的商品及服務感到滿意，以後他會繼續購買該企業的產品，成為其固定客人。其滿意度愈高，光顧的比例就愈高。而其結果就是使得業績增大。

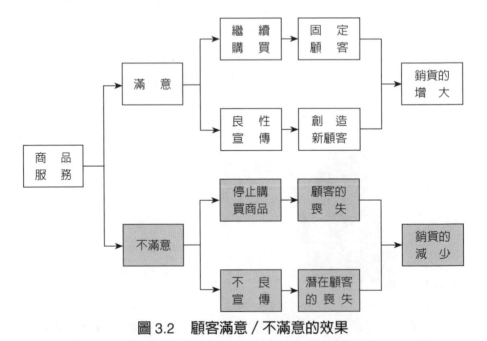

圖 3.2 顧客滿意／不滿意的效果

　　另一個效果就是如果顧客感到滿意，他會將其中的滿足告訴家人、朋友或四周的人。這麼一來，聽到他充滿滿意感的那些人，自然會興起一個念頭，想親自去體會一下這種滿足，於是就會跟著去買商品。

　　良性的口頭相傳可使商品更廣受歡迎，創造新的顧客。以顧客的習性來說，他們重視口頭宣傳甚於媒體的宣傳，所以口頭宣傳是最好的廣告。銷售中有一句名言：「獲得滿意的顧客是最好的銷售人員」，而其效果確實是像這句話所說的一樣。

　　另一方面，得不到滿意的人，其所採取之行動則恰好相反。根據「華爾街新聞」過去所進行的一項調查結果顯示，如果對商品感到不滿意，約有40% 的人會打電話給該公司，不打電話的人除了停止購買該產品之外，9～10 人會對該商品做反面的宣傳。

　　無法使顧客獲得滿意所失去的不只是一個顧客，同時也會使周圍的潛在顧客失去信任。是否能提供顧客滿意所造成的差異如此之大，可見對企業而言最重要的事莫過於傾注全力使顧客感到滿意。

■以最少的費用達到最大的效果

　　CS 經營的另一個優點是在收益對費用的關係上，它能以很少的費用獲得極大的收益。提高收益大致可分為下列二個方法：

　　①開拓新顧客，增加需求以提高收益。

　　②提高舊有顧客的滿意度，增加每個人的需求以提高收益。

　　首先是開拓新顧客方面，在市場正在成長的時代，靠大眾傳播或郵寄廣告即可容易開拓新顧客。但是如果像目前這種市場已趨成熟化、商品大量氾濫的時代，開拓新顧客就沒有以前那麼簡單了。廣告做得不多不會有明顯的反應，但就算到處打廣告，效果仍無法如預期一般有效果。

　　既然運用媒體的廣告無法達到預期的效果，那麼郵寄廣告的方式又如何呢？由於很多企業都會採用同樣的作法，因此仍是效果不彰。最後的方法是採用訪問式的推銷，但因為每個家庭的人員在家比率很低，所以也沒有什麼效果。以目前的現狀來說，企業雖然每年不斷地投入費用與勞力，但卻無法有效地開拓新顧客。

　　相對的，若採用後者，即「提高顧客的滿意度，使每個人的消費額提高」的方法，會比上述這種方法進行起來容易。開拓新顧客所面對的對象是不特定的多數，但後者的目標對象卻極為明確，因此進行起來會比較有效率。

　　提高顧客的滿意度雖然也需要相當的費用，但若與開拓新顧客所花費的費用相比，則顯然要經濟得多了，而且效果也大多了。再者，一旦顧客的

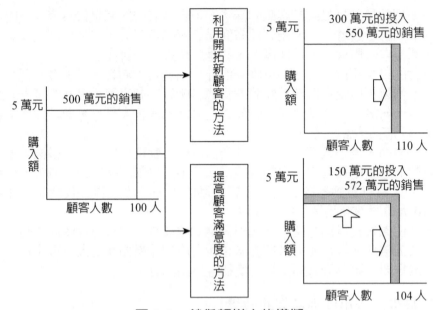

圖 3.3　銷貨額增大的模擬

滿意度提高，他以口頭向周圍的人替商品做免費的宣傳。這樣一來等於既有顧客替公司開拓新顧客一樣，可謂一石二鳥。

　我們以上圖來模擬看看一個例子。假設 A 公司目前有 100 位既有顧客，每個人每月的平均的購買金額是 5 萬元，公司每月的銷售額爲 500 萬元。

　爲了提升銷售額，公司投入 300 萬元的經費去開拓 10 個新顧客，使銷售額提高爲每月 550 萬元。

　另外，在提高顧客的滿意度方面，公司投入 150 萬元，使每個顧客的購買額提高爲 5 萬 5 仟元。另外，顧客以其口頭宣傳又使公司獲得 4 位新顧客。這麼一來公司每月的銷售額變成了 572 萬元。

　雖然這是一個模擬演練的例子，但也可以看出因爲實施 CS 經營的關係，以很少的費用就可以達到極大的效果。

■把 CS 經營的觀念活用在 QC 上

　以下要敘述的是 CS 與 QC（Quality Control，品質管制）的關係。如眾所周知的，QC 是爲了維持商品品質，同時使品質提升所使用的一種經營管理手段。從製造業到服務業，日本大部分的企業都引進這種手段，它提高了品質，同時也是日本商品屹立不衰的祕密所在。

　　但是，任憑商品品質再好，如果不能使顧客感到滿意，就稱不上是好的商品。因此，今後的 QC 觀念不能再以企業的立場來看品質，顧客認可的品質才具有價值。以企業自己的觀點來看品質，容易流於一廂情願，所以今後的 QC 價值觀有必要加以修正。

　　唯有如此才能製造使顧客感到滿意的高品質商品，更清楚一點地說，不能只有硬體的品質，要把概念再稍微擴大，使商品的軟體面也同時提升，才能使顧客對商品的滿意度更為提高。換句話說，把原有的 QC 概念再加以擴大才行。

　　總之，把經營之真理同時也是究極目的的 CS 觀念帶入經營管理手段之一的 QC 中，將可使成果更為提升。CS 與 QC 並不是並列的，CS 是 QC 的上位概念。

· 小提醒

　　獲得滿意的客人不但會成為廣播器，還會將其喜悅口頭相傳給周圍的人，發掘潛在的顧客。

3-3　CS經營的架構

■何謂CS經營？

前面我們只簡單以「提高顧客滿意度的經營」來解釋什麼叫CS經營，此處我們將進一步介紹CS經營的架構。首先，對於「什麼叫做CS經營？」有很多不同的定義與看法，我個人則將其定義如下：

「所謂CS經營是指針對自己公司所提供的商品及服務、企業形象等，以定期、持續的方式進行顧客的滿意度調查。然後根據其結果，迅速改善顧客不滿意之處，藉此使顧客獲得更高滿意的經營活動」。

日本效率協會則以下列5個項目來說明CS經營的觀念：

①「企業的最終商品是顧客的滿意」。

②下定決心實現「以有組織的方式持續創造顧客滿意的經營」。

③為達到此目標，首先須以定期、定量方式衡量顧客的滿意，同時建立經營指標之體制。

④其次是經營者必須身先率卒，針對滿意度的衡量結果進行檢討，以有組織且持續的方式更新、改革公司的體質及一切企業活動。

⑤以符合新時代的經營代替舊有的愛公司的觀念與歸屬意識，達到「提高顧客的滿意」之目標。

在CS的觀念之後，接著提出的是CS經營的三個原則：

①重視與顧客的接觸點。

②對顧客的滿意度進行定期、定量及完整的衡量。

③以經營者為主導。

■轉動CS的管理循環

由日本效率協會所提出的CS經營的觀念及CS經營的三原則可以看出，CS經營並不是一種著眼眼前的經營手段，是一種經營的目的。若根據這些要點將CS經營的架構加以圖示的話，即如下圖之結果。

在QC的管理循環裡有計畫→實施→確認→處置的流程，以步驟的程序來看，CS的管理循環亦與此相同。首先，為取得顧客的滿意先計畫如何提供商品與服務，計畫好後付諸實施，然後再確認（衡量）所實施之事是否能使顧客獲得滿意。如果未能充分使顧客獲得滿意，即調查其原因並採取應對的處理措施。不斷地重複轉動此CS的管理循環，將可使顧客的滿意度逐漸提高。

此即為CS經營的架構，但我個人認為可以用更廣角的觀念來看CS經

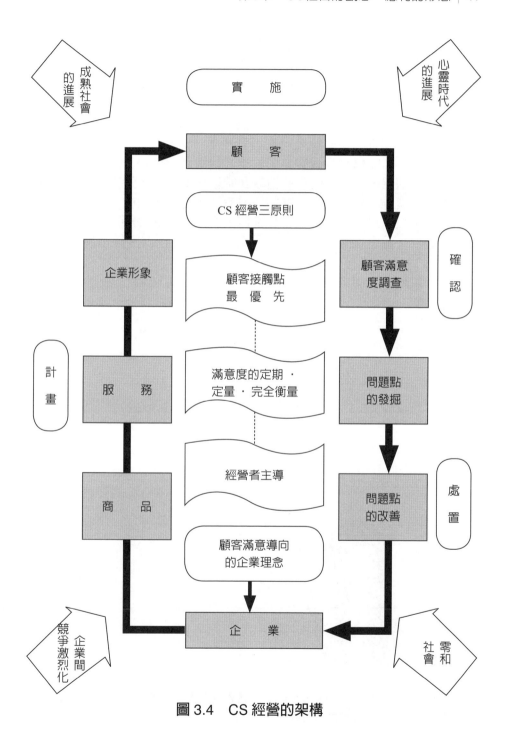

圖 3.4　CS 經營的架構

營。擴大概念的重點是對顧客進行滿意度的調查。

　想要掌握顧客的需求，了解其滿意度，然後針對這些訂立新的經營戰略，必須先對顧客的滿意度進行調查才行。就算沒有特別進行調查，也要以提高顧客的滿意為目標，實踐以顧客為優先的經營。

　花王企業即為其代表的例子。花王公司並沒有所謂的 CS 經營，也未定期進行滿意度調查。但是該公司的經營理念、活動卻完全符合 CS 經營。早在一九七二年即以有組織的方式設置消費者服務專線，讓顧客以電話反映其意見、抱怨，公司再將這些情報回饋給相關部門，針對商品與服務進行改善，以獲得顧客的滿意。這些努力造就了花王目前的成長。

　除了花王公司以外，很多企業也都極重視與顧客的接觸，實施以顧客為優先的經營。就廣義來說，這些企業的經營都可列入 CS 經營的範疇。

· **小提醒**

　　對自己公司所提供之商品及服務的顧客滿意度進行定期性、持續性的調查，改善不佳的部分以追求更高的滿意。

Note

3-4 決定顧客滿意的三大構成要素

■服務與企業形象的比重升高

在推動 CS 經營時，首先碰到的問題是「構成顧客滿意的要素」。下圖是其分類後的情形，這些要素綜合起來就是顧客的滿意度。

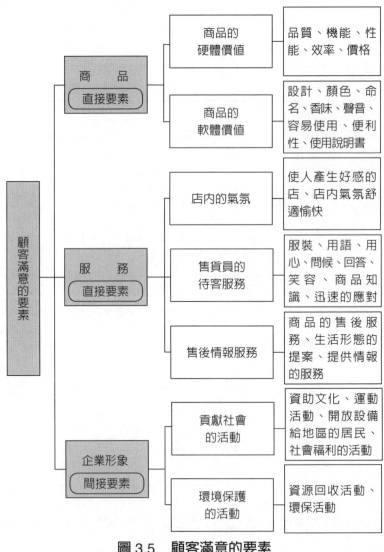

顧客滿意的要素

- 商品（直接要素）
  - 商品的硬體價值 → 品質、機能、性能、效率、價格
  - 商品的軟體價值 → 設計、顏色、命名、香味、聲音、容易使用、便利性、使用說明書
- 服務（直接要素）
  - 店內的氣氛 → 使人產生好感的店、店內氣氛舒適愉快
  - 售貨員的待客服務 → 服裝、用語、用心、問候、回答、笑容、商品知識、迅速的應對
  - 售後情報服務 → 商品的售後服務、生活形態的提案、提供情報的服務
- 企業形象（間接要素）
  - 貢獻社會的活動 → 資助文化、運動活動、開放設備給地區的居民、社會福利的活動
  - 環境保護的活動 → 資源回收活動、環保活動

圖 3.5　顧客滿意的要素

就時代的變化來看，以前的商品以硬體價值（品質、機能、價格等）的比重較大，只要商品品質好、價格又便宜的話，顧客就會感到滿意。但是時代日愈富裕，顧客不再那麼滿意，商品的軟體價值（外形設計、使用的感覺等）開始漸漸受到重視。

再者，隨著心靈的提升，除了商品本身之外，顧客還更進一步要求購買時的店內氣氛、售貨員的待客服務品質等等，使得服務所占的比重日漸提高。因此，企業如果無法在銷售方法上多費心思，採用愉快的銷售方式，顧客將無法感到滿意。

商品方面各企業的差距已不會太大，所以銷售時的服務品質就成了決定企業優劣的因素，也就是說，顧客滿意的比重，正由商品向服務轉移。隨著這種趨勢的演變，顧客滿意度調查的項目，以前以商品的比例較高，但最近兩者比例則是旗鼓相當。以第 2 章所介紹的美國調查汽車消費者滿意度的 J.D. Power 公司為例，以前是商品對服務以 60%：40% 的比重進行調查，但最近兩者的比重拉平，今後的實施方向則將走向以商品 40% 對服務 60% 的比例進行。

構成服務滿意的要素，直接方面分為商品與服務二種，而以間接要素來說，預料今後將受到重視是企業的形象。企業形象的內容包括貢獻社會與環境保護活動等等。企業積極從事這些活動，將有助於提升其「認真面對社會與環境問題」的企業形象，使顧客保持好印象。

相反的，不論商品或服務再好，對於社會及環境問題若未能認真處理，企業的評價將會低落，顧客的滿意度也會變低。對企業而言雖然增加了新的活動，但以社會的一分子的機構而言，仍須負起這些責任。不能只追求企業一己的利潤，必須追求更高層次的企業活動才行。但這不是矯柔造作，必須是有實際結果的實踐才行。

■由誇耀地區之公司走向受地區誇耀之公司

談到提升企業形象，「企業市民（Corporate citizen）」是目前極受注目的一個觀念。對地區做義工活動、開放公司的運動與文化設施給地方、舉辦慈善義展等等貢獻地方的密集性活動，都有助於公司成為「優良企業市民」。以前靠提升業績而誇耀地方，今後則透過對地方的貢獻受地方居民的信賴，成為「受地方誇耀的公司」。

豐田（TOYOTA）汽車公司從很早開始即成立豐田財團支援文化活動而廣受好評，1989 年更進一步設置社會貢獻活動委員會，更積極地展開貢獻活動。資生堂公司也於 1990 年設置「企業文化部」的特殊部署，積極展開其文化活動。它不只是單純對文化活動出錢的觀念而已，而是一個全

公司性且持續性的大規模活動。

　　在環境與資源的保護方面，速食業界也積極展開像以紙類產品代替保麗龍製的漢堡包裝材料、實施垃圾減量等等的活動。

　　這些都是滿足顧客的間接性實際活動，時代愈是走向富裕，這些活動所占之比例也將隨之提高。提到「文化活動」，以前給人的印象是「經營者的嗜好」，但今後將成為重要的一個活動。

・小提醒

　　顧客的滿意度取決在於直接要素（商品、服務）與間接要素（企業形象）的綜合。

Note

3-5 CS乃顧客的事前期待與使用實際感受的相對關係

■確實了解顧客的事前期待

提高顧客的滿意雖是直接透過提供商品與服務來進行，但是滿意度不是絕對的基準，它是相對性的。顧客在買進商品或利用服務時，事前一定會對這些商品、服務抱持某種程度的期待，例如「這些商品應該會有這樣的價值」或「這家店應該可以提供這樣的服務吧！」等等。

實際使用商品之後，如果價值超過期待的水準，顧客就會覺得「這商品相當不錯」而感到滿意，同時心裡盤算「下次還要買這個商品」。相反的，如果價值低於事前的期待，就會想「這商品並沒有什麼稀奇嘛，下次買別家的商品看看」。

因此，所謂滿意度，其實就是顧客對商品、服務的事前期待與實際使用商品（服務）後的實際感受的一種相對關係。

以住宿的例子來說，一般人對商務旅館事前不會有太高的期望，所以就算沒有什麼值得一提的服務，只要能夠好好地休息的話，住宿者就會覺得很滿意。

相對的，如果投宿的是高級飯店的話，事前的期待會很高，因此設備與

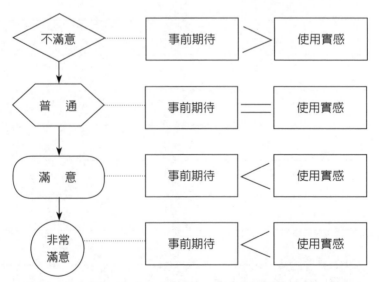

圖 3.6　對商品服務的事前期待與使用實感的相對關係

服務若不是相當周全，顧客會無法獲得滿意。所以，常常會出現一種現象是服務較低的旅館反而比服務高的旅館，更能使顧客獲得滿意，而這是因為顧客事前期待的程度不同所造成的。

因此，想要提高顧客的滿意度，必須確實掌握購買自己公司之產品、服務之顧客的事前期待，不斷提供他們高出其事前期待的商品與服務。

再者，事前期待的內容會隨著時間不斷地改變，公司除了要隨著變化提升自己產品的水準之外，最重要的還要能夠迅速掌握這些變化，提供能夠因應這些變化的商品、服務給顧客。

■利用顧客心理提高其滿意度

要提高顧客的滿意度，當然要先提高商品與服務的品質，但除此之外還有一個方法就是利用顧客的心理。顧客的滿意度乃事前期待與實際使用感受之間的一種相對關係，所以如果能使實際的使用感受超越事前所抱持的期待，則顧客的滿意度將會隨著這個差距的增大而提高。

事前未特別寄予期待，但所受的服務卻遠超過期待的話，顧客勢必因此大感滿意，對該商品留下良好的印象。相對的，儘管商店所提供的服務比起其他商品毫無不遜色，但由於事前曾大肆宣傳自己的服務水準，致使顧客事前所抱持的期待升高，那麼就算事實上已提供了完美的服務，顧客仍不會特別覺得滿意，只會覺得不過很平常罷了！這麼一來，原本很特別的服務就失去了它應有的價值。

從這個事實顯示，雖然今日由於競爭日趨激烈，宣傳成了不可忽略的手段，過度的宣傳與誇大自己能力之外的宣傳，都是應該設法避免的，因為這樣反而會帶來反效果。

以餐飲店強調配送的速度為例來說，有的商店宣傳說：「訂貨之後，商品在 20 分鐘內一定可以送來」的期待。東西如果真的準時送來當然就沒話說，但如果超過了 20 分鐘東西沒到，即使是只超過一點點時間，顧客就會覺得有受騙的感覺，開始出現焦躁的情緒，也就是開始處於不滿的狀態，腦袋裡留下「那家店不遵守時間、沒有信用」的印象，商店也因此失去信用。

如果不確定能確實實行 PR 的內容，隨便就做誇大不實的廣告，最後反而會使自己失去信用。因此，不如不必特意去宣傳配送的時間，但卻設法努力儘早把東西送達給顧客，這樣反而會讓人覺得「那家店送東西很快」而使評價提高。總之，不做不確定的宣傳，與其言而無信不如以實際行動代替宣傳，更能獲得顧客的滿意與評價。

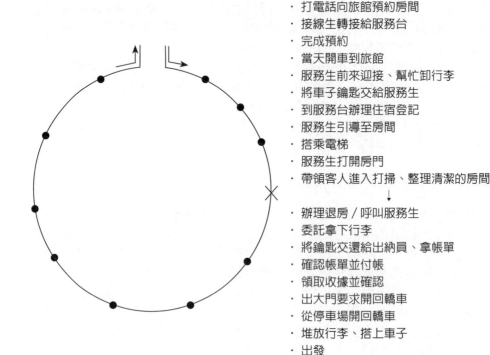

· 打電話向旅館預約房間
· 接線生轉接給服務台
· 完成預約
· 當天開車到旅館
· 服務生前來迎接、幫忙卸行李
· 將車子鑰匙交給服務生
· 到服務台辦理住宿登記
· 服務生引導至房間
· 搭乘電梯
· 服務生打開房門
· 帶領客人進入打掃、整理清潔的房間
　　　　　↓
· 辦理退房／呼叫服務生
· 委託拿下行李
· 將鑰匙交還給出納員、拿帳單
· 確認帳單並付帳
· 領取收據並確認
· 出大門要求開回轎車
· 從停車場開回轎車
· 堆放行李、搭上車子
· 出發

圖 3.7　Moments of Truth（關鍵時刻）循環的概念圖

■與顧客直接接觸的從業人員的重要性僅次於顧客

　　商品及服務的各要素的總合就是顧客的滿意度，但如果以更嚴密的方式來說，其效果應該不只於相加效果，而是相乘效果。

　　以服務業中的旅館爲例來說，顧客在利用旅館時，通常會如上圖一樣，與旅館之間有許多的接觸點，例如先打電話向旅館訂房、住宿到結帳退房等等。顧客會依據這些接觸點所受到的服務，與自己事前的期待相對照，給予旅館評價。

　　在這些接觸點上，如果有一個地方給顧客留下決定性的不良印象，則其他的部分就算做得再好，顧客對旅館的整體印象仍然會在相乘效果的作用之下，產生「不滿意」的結果。客人可能從此不再光顧這家旅館。

　　因此，在與顧客眾多的接觸點當中，只要有一處給予顧客決定性的不良印象，後果將難以挽回。所以，儘管與顧客之間只有極短的對話，也要相當注意措辭與態度。有的顧客甚至在櫃台辦理住宿登記就因服務員的應對

不佳而當場生氣改換別家。

　　為了不使這類情形發生，除了在與顧客接觸點上，培養從業人員的 CS 精神之外，更要重視從業人員，將權限授權給他們，使他們能機敏地行動，這種重視現場的觀念可說非常的重要。企業若能重視從業人員，持有「與顧客直接接觸之從業人員的重要性僅次於顧客」的觀念的話，從業人員無形中自然就會懂得去重視顧客。

　　想要提高顧客的滿意度，需要彈性及迅速的應對，而要實現這些，最重要的就是授權。

　　當顧客問及某些事情需要立即做決定時，如果總是不斷對顧客說：「我不知道，請您稍候我問上司看看」的話，顧客將會對回應的不夠迅速感到煩燥不滿。

　　因此，對於某些事情必須有某個程度的授權，交給從業人員自己去做判斷。唯有這樣才能使應對迅速，讓顧客留下好的印象。再者，從業人員也可因此由凡事等待上司指示才行動，成長為一個可以自己判斷狀況的從業人員，可謂一舉兩得。

　　CS 經營上最重要的是與顧客的接觸點，換句話說：不但要重視在此接觸點上工作的從業人員，更要想辦法以有效的方法去培育他們。

・小提醒

　　想要提高顧客的滿意度，必須不斷提供超越顧客事前期待之商品與服務。

3-6 與廠商、配銷業者合作推動CS經營

■服務惡劣的商店會使顧客止步

像飯店（旅館）、停車場、交通工具這類的服務業，都是由自己生產商品（或服務）並自己銷售，所以從生產到銷售的所有過程都和自己的公司有關聯。因此，它除了負有全部的責任之外，另外的一個特質是可以知道顧客對服務的反應。

相對的是生產有形產品的製造業者，由公司自己設立銷售公司進行銷售的情形較少，大部分的企業都將銷售工作委託給配銷業者（或稱流通業者）去進行。前者從生產到銷售一切都可由公司自己掌控，所以問題是出在後者。

由於顧客的滿意度是取決於商品與服務兩者的總和，所以儘管商品做得再好，如果服務不好的話，顧客還是無法獲得滿足。製造者再怎麼努力去生產好商品，如果與顧客直接接觸的銷售店的應對不佳，商品還是賣不出去的。以顧客的心情來說，商品本身固然無可挑剔，但不良的服務卻使他們失去購買慾。

這麼一來，製造者的一切努力都為之付之一炬。尤其是近來，服務在顧客滿意度上所占的比例甚高，所以配銷業者所扮演的角色也就愈形重要了。為了使整體的顧客滿意度提高，必須有效地與配銷業者合作才行。也就是說，想要提高顧客的滿意度，必須取得配銷業者的合作才行。

■發掘問題點，對配銷業者進行指導與支援

在與配銷業者的合作上，首先要對顧客進行 CS 的調查，設定一些有關服務的調查項目，藉此發掘問題。掌握問題點後再與配銷業者聯絡，提供有關解決問題的指導與支援。

以家電產品為例來說，如果有很多顧客反應「銷售人員對商品的說明不易了解」，那麼就應該對銷售店進行指導，希望他們對顧客的說明能更簡單、更親切些。另外，製造者應製作任何人都能做簡單說明的手冊，並設置顧客專線，讓顧客查詢有關商品使用上的一些詳情。

另外，如果顧客反應「雖然賣的是流行商品，商店的陳設卻古板老舊。銷售人員的服裝邋遢」的話，則應該針對店面與服裝進行指導。

經由這樣的程序，服務領域中的顧客的滿意度將會提高，而對公司的整體滿意度自然也會隨之提升。如果有生意往來的配銷業者數目過多的話，要貫徹到此地步是不容易的，但還是要儘可能與其取得合作以提高 CS。

廠商與配銷業者之間的這種合作，不只是使得生產者的顧客滿意度提高，也可使配銷業者的評價提升，也是一舉兩得的作法。

■促使與配銷業者合作成功的要訣

促使生產者與配銷業者在提高顧客滿意度方面合作成功的要訣是，生產廠商不能採取高姿態。如果只是一味地根據 CS 調查，指責對方的不是，逼迫解決問題，最後只會招來反彈。

因此，平常就要設法讓配銷業者理解「提高商品與服務的品質是提高顧客滿意度的首要之務」。除此之外，還要與配銷業者建立良好的關係，同心協力去實現顧客的滿意。總而言之，對生產者而言，取得配銷業者的協助合作是提高顧客滿意度的必要條件，所以今後應選擇具有顧客滿意之理念，且能配合實施的配銷業者作為往來對象，而不是毫無選擇地與任何業者都進行交易。對於「只優先考慮自己的利益，把顧客滿意擺在其次的配銷業者」，應毅然與之斷決往來。與服務不佳的配銷業者往來，將會使自己的商品信譽也受到不良的影響。

提高顧客滿意度的另一件重要事情是不只要要求配銷業者提升服務，製造者本身也要自問是否對配銷業者提供了周全的服務？

對製造者而言，配銷業者也是自己的顧客，所以製造者要像配銷業者提供給最終顧客的服務一樣，也提供同樣的服務給配銷業者。提供給配銷業

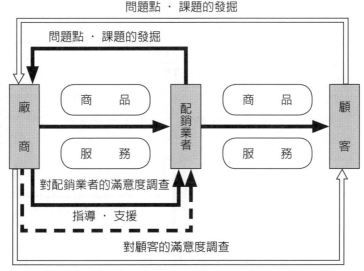

圖 3.8　廠商與配銷業者的合作推進 CS 經營

者的各項服務如果能使其獲得滿足，自然就會受到配銷業者的信任，使其成爲自己有利的商場夥伴。隨著往來對象的增加，這種有利的夥伴的層面就會愈加擴大。

因此，顧客的滿意度調查，其對象不僅止於最終顧客而已，對於另一個顧客——也就是與自己有往來的配銷業者，也應該進行同樣的調查。

唯有在配銷階段實現滿意度，才能在消費階段也實現滿意度。也就是說，隨時要注意在配銷與消費階段上對顧客滿意的一種互動關係。

■藉由配銷業者與製造者彼此的合作，推動 CS 經營

很多製造者把銷售工作都委託給配銷業者，對於銷售工作採取不干涉的作法，相對的，也有很多配銷業者只負責從製造者那兒將成品進貨來賣，完全不和生產扯上開係，生產工作只交給製造者去負責。因此，儘管在銷售的時點上，提供了顧客完美的服務，但如果它所進的商品未能使顧客滿意，則顧客仍然不會去買這些商品。顧客會認爲「雖然店氣氛與店員的態度很好，但商品美中不足，還是不想買。」

因此，配銷業者若想提高整體的顧客滿意度，最好的方法就是好好地與製造者合作。在 CS 調查中，除了銷售方面的相關項目之外，商品方面也應擬定調查項目，藉此發掘問題點，向製造者提出要求以進行改善。

例如，許多年紀大的顧客常會反映「錄放影機的使用方法過於複雜，有沒有更簡單的使用方法？」像這樣的意見就可以反映給生產廠商，要求

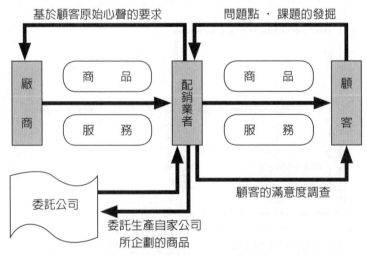

圖 3.9　配銷業者與廠商的合作推進 CS 經營

其進行改善。顧客這一類的直接意見如能不斷反映給廠商，便能使商品改良、提高顧客對商品的滿意度，無形中配銷業者的滿意度也會提高。

認爲商品賣不出去，責任完全在於製造者無法生產滿足顧客需求之商品的想法已經成爲過去，今後的觀念應該是：「廠商總是製造不好使用的商品，部分責任在於配銷業者未能將這個事實傳達給廠商」。

另外，如果已將顧客的意見反映給製造者，而製造者仍毫無改善之意，則必須覺悟與這樣的廠商斷絕交易往來。總而言之，唯有能夠與廠商合作，才能提高顧客的滿意度。

有能力的配銷業者不只是要向製造者提出要求，還可以自己進行商品企劃，委託廠商生產。這樣的方法可使顧客的要求迅速獲得回應。

對配銷業者而言，今後也必須從推動 CS 經營的觀點來轉換對商品的意識，同時要有自己獨到的眼光才行。

· 小提醒

　　商品與銷售時的服務構成顧客滿意度，有效地與廠商、配銷業者合作，以提高 CS 經營。

3-7 以社會經濟學的觀點推動CS經營

■保護非消費者之權利

CS 經營目前以使用、消費自己公司產品（與服務）的顧客為對象，以提高其滿意度為目的。但是近來「企業的社會責任」漸受到重視，所以企業應該以更寬廣的觀點去從事其 CS 經營。由「拒抽二手菸」這些標語可以看出它所主張的是非消費者的權利也應受到保護，同樣的，只考慮到商品及服務的實際使用者的這種偏狹經營觀，已不再適合時代潮流。

因此，CS 經營應以更巨視的觀點來看顧客的滿意，能夠這樣地推行 CS 經營，除了顧客本身之外，也能廣受社會支持，認同它是一個有社會責任的企業。

怎麼從巨視的觀點去進行 CS 經營呢？首先是要保護非消費者的權利。一個商品的顧客滿意度再高，如果商品的使用過程會引起噪音，帶給其他人麻煩的話，就算不上是好商品，因為它侵犯了非消費者的寧靜生活。

以隨身聽（耳機式的音響）為例來說，使用者在擁擠的電車中仍可愉快地享受音樂，是一項滿意度很高的商品。也正因為如此，它能夠那麼地風行，成為年輕者的必備商品。

但是，另一方面當這種隨身聽的音量調高時所流洩出來的吱吱作響，卻給周遭的人帶來極大困擾。所以，儘管它是一個很受顧客歡迎的產品，但對非消費者而言卻只是一個令人困擾的東西，所以不能算是一個真正的好商品。因此開發出能顧慮非消費者權利的商品是有必要的，也唯有非消費者的權益確實受到保護，才能稱得上是一個真正的好商品。

因此，生產者乃著手開發防止聲音流洩的新型隨身機，迅速地改善缺失。以松下電器來說，它開發了一種專為電車上收聽用的隨身機，藉由設計了一個「電車專用」的播放按鍵，在擁擠的電車中，只要將按鈕從一般的播放調到此位置，內部就會有特殊的回路產生作用，將高頻率的雜音隔離。SONY 公司則在機內設計了防止聲音流洩的裝置，不需要轉換任何開關就可以將吵雜的聲音隔除。

洗衣機方面也顧慮到噪音影響鄰居，有所謂的靜音設計商品出現，而這也是相當受市場歡迎的產品。由此可見，有些商品雖然受到顧客的歡迎、愛戴，但是它可能在某些方面帶給其他人一些意想不到的困擾。因此，今後的商品開發要特別注意保護非消費者權益的問題才行。

■考慮對社會及人類福祉的貢獻

從巨視的觀點去做 CS 經營所要注要的第二個事項是考慮對社會及人類福祉的貢獻。就算商品可以滿足顧客需求，如果在商品的使用過程中，會對社會造成不良的影響或違背人類福祉的話，這仍是美中不足之事。所以在開發商品或提供服務時，一定要充分考慮到這些問題。

一般最常成為問題的就是汽車所排放的廢氣。汽車對利用者而言是一項方便 又舒適的商品，但對整個社會而言，它所排放的廢氣會對沿道居民的健康造成不良的影響，而且也是光化煙霧的形成來源。所以，汽車生產者目前正在進行減少排放廢氣的研究開發。一旦成了社會性的問題之後，光靠一家公司的力量是有限的，必須與其他同業一起合力，尋求解決問題之道才行。

■注意生態環境的保全

巨視觀點的 CS 經營的第三個注意項目是生態環境的保全。近來由於森林的大量砍伐，使得自然環境受到破壞，另外資源與能源的浪費也造成很大的問題，對企業而言，生態問題已是一個無法置之不理的問題。一個無法用心去面對生態問題的企業，將會被責難是一個沒有善盡社會責任的企業。

因此，不論商品如何使顧客獲得方便與舒適，如果它將會對生態造成不良的影響，那麼它就不能算是一個真正的好商品。所以商品的開發與使用一定要顧及生態的保護。

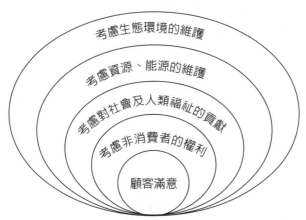

圖 3.10　從巨視的觀點看 CS 經營的應有姿態

在具體作法上，應該開發省資源、省能源的商品，還有積極進行回收活動，使資源可再利用、不致浪費。

使用後即丟棄式的商品是目前的一個很大問題。這類商品雖然對顧客或企業而言是很方便的商品，但用後即丟棄不但造成資源的浪費，到處丟棄所形成的垃圾公害也是一個很大的問題。

1986 年新上市即受到市場廣泛歡迎的丟棄式相機便是這樣的一個商品。它不必像以前一樣揹著相機到處走，只要在想照相的時候到附近的商店去買一台這樣的相機，立刻可以照相。由於非常的方便，所以市場急速成長。但是儘管它是一個相當便利的商品，隨著生態保護意識的提高，這種丟棄式的相機隨即受到嚴厲的責難。於是各軟片製造廠乃著手整備回收體制。

富士軟片公司所採用的方式是將相機分解，外盒與金屬部分、電池交給專門的再製業者。占整體 70% 之多的塑膠部分也加以粉碎，交給再製業者。閃光燈部分若經由檢查無異常的話，則再次使用。

更積極的中小企業者，像日本的丸內彩色沖洗店（總公司在富士市）及普林多比亞（Printpia）（總公司在札幌市）等等，在取出底片之後，它們會幫顧客檢查快門、鏡頭、閃光燈，然後換裝底片。24 裝的底片只要七〇〇圓日幣，比買新的還要便宜，而且還可以資源再利用，可謂一舉兩得。

對軟片製造廠商而言，完全回收會使銷售額銳減，是一個相當為難的問題，但是時代的潮流又迫使他們不得不去考慮生態的問題。

■命名與廣告也要注意

涉及生態方面的問題，商品在命名與廣告上也要有所顧慮。命名或廣告若與環境保護背道而馳，在形象上將會造成負面的影響。尤其是「丟棄式」這個用語幾乎令人想到的是浪費資源，所以還是少用為妙。

關於這一點，軟片業界採取了極迅速的應對。由於「丟棄式相機」的名稱會予人一種不好的印象，所以他們很快就將之變更命名為「物盡其用的相機」。後來發現這樣的的命名不夠普遍為一般人所熟悉，又再度變更命名，統一為目前的「附帶鏡頭的軟片」。

由以上的說明可以看出，CS 經營不能只求顧客滿意，它同時還要考慮到非消費者的權利，對社會及人類福祉的貢獻、生態環境的保護、資源與能源的節約等等才行。甚至有時顧及對社會及生態的影響，或許還有些地方必須要求顧客配合某種程度的忍受。

如果能從這種的巨視觀點來開發商品，不但會受顧客歡迎，一般的社會

大眾也會予以高度的信任與支持，說它是一個「熱心於社會及生態環境的企業」。

　　另外我們稱一個能回應社會、生態環境保護要求的行銷為「Socio-ecological Marketing」。

・小提醒

　　除了使顧客獲得滿意之外、還要顧慮到非消費者的權利，對社會與人類福利的貢獻與對生態環境的保護。

Note

第4章
有效進行CS經營的祕訣

4-1 經營者的熱忱是CS經營的成功關鍵

■由整個公司一起推動、提升 CS 經營

在引進、推動 CS 經營時，除了要站在顧客的觀點建立新的經營體制之外，想要使 CS 經營成功，必須依循一定的步驟。

下圖是 CS 經營的步驟：

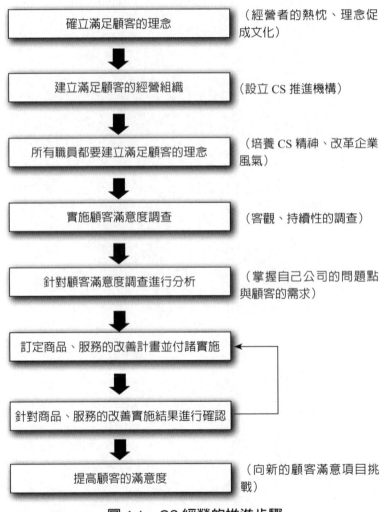

確立滿足顧客的理念	（經營者的熱忱、理念促成文化）
建立滿足顧客的經營組織	（設立 CS 推進機構）
所有職員都要建立滿足顧客的理念	（培養 CS 精神、改革企業風氣）
實施顧客滿意度調查	（客觀、持續性的調查）
針對顧客滿意度調查進行分析	（掌握自己公司的問題點與顧客的需求）
訂定商品、服務的改善計畫並付諸實施	
針對商品、服務的改善實施結果進行確認	
提高顧客的滿意度	（向新的顧客滿意項目挑戰）

圖 4.1　CS 經營的推進步驟

　　首先是從經營者堅決宣誓「引進 CS 經營」開始，然後除了要成立 CS 經營的推進組織之外，還要著手改革整個公司的風氣。同時，為了提高顧客的滿意度，還要進行顧客滿意度的調查，藉此確實發掘自己公司的問題點與掌握顧客對自己公司的要求。然後針對各個問題點與需求，訂定改善計畫並付諸實施，以謀求問題的解決與需求的實現。

　　如果改善計畫依照預定進行，那麼該項目則暫時算完成。但是，如果計畫結果還不夠完善，就必須重新修正改善計畫，不斷地重複實施，這樣才能提高顧客的滿意度。

　　接著，我們依照 CS 經營的推進步驟來做進一步的說明。前面我們提過斯堪的那維亞航空公司、日產汽車及丸井等 CS 經營的成功事例，這幾個例子的成功祕訣都在於它的經營者身先士卒，以他們的熱忱去牽動整個組織前進。他們不只是站在陣前搖旗吶喊而已，還親自深入現場，與所有員工一起尋找「怎樣才能使顧客獲得滿意？」的答案，並親自去實踐它們。經營者的這種熱忱如果能傳給每一個員工，公司內部的風氣便可獲得改革，使 CS 提高。

　　由這裡我們可以了解，經營者推動 CS 經營的強烈熱忱與意志，是促使 CS 經營成功的首要關鍵。認為最近正在流行 CS 經營，抱著姑且嘗試看看的心理，將執行工作完全委交給部下的作法是不對的。經營者本身必須認真去研究「什麼是 CS 經營？」然後去實踐以顧客為優先、滿足顧客的經營，才能使經營成功。

■以經營者為主任委員的 CS 組織

　　推動 CS 經營必須要有一個組織。下圖是其簡單的組織圖。

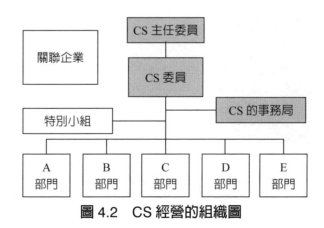

圖 4.2　CS 經營的組織圖

　最開始是以委員會組織的方式開始，而 CS 主任委員當然是由經營者擔任。CS 經營的委員由董事及各部門的部長組成，屬於一種橫向性的組織。經由這樣的一個強力組織去審議，決定有關提高顧客滿意的各種議題內容。已決定之事項則交由各部門去實踐。若 CS 方面發生大問題，則由相關部門派代表集合，組成特別小組去解決問題。

　為使 CS 經營委員會及特別小組能夠順利營運，還必須有組織做為輔佐機能才行。組織的名稱可命名為「CS 推進室」、「CS 本部」或「CS 開發中心」等等，它不只是輔佐 CS 委員會或特別小組做有關提高 CS 的營運事務而已，仍須幫助培育人員的 CS 精神等等，展開廣泛性的活動。

　在推進 CS 經營時，經營者的熱忱與組織的活動都是重點所在。所以事務局的成員必須能充分理解 CS 經營，同時錄用具有熱忱與行動力的人，這樣才能組成一個強固有力的 CS 經營組織。

· 小提醒

　經營者對 CS 經營的熱忱加上與之相呼應的強力幕僚，是促成 CS 經營成功的祕訣。

Note

4-2 明示顧客的滿意為企業理念

■重要的事情只有一件——顧客的滿意

在推動 CS 經營時，經營者本身必須對 CS 經營有堅定的信念與熱忱，不只是如此，經營者的這些觀念必須廣泛地影響其他的管理階層及一般職員才行。這樣所有的職員才能秉持經營者的觀念加以實踐。換句話說，循序漸進才是理想的過程。

想要依循這種理想的程序前進，經營者首先應針對「為什麼現在要進行 CS 經營？」、「什麼叫做 CS？」，做明白易懂的說明。然後再明確地提出企業的目的，即「要滿足顧客的需求，公司應該做哪些事？」這樣職員們才能理解 CS 經營的重要性，而且知道自己是在什麼目的下行動（自己的行動基準是什麼？）

說明有很多種的方法，但最重要的要力求簡單與貫徹。斯堪的那維亞航空的董事長卡爾森‧楊便以很簡單的一句話——「重要的事情只有一件，那就是顧客的滿意」向所有的職員解說，以此成功地改革了企業風氣與職員的意識。

訂定 CS 行動之基本與標語有二種方法，一是由上而下的方式，另一種是由下而上的方法。

由出資者自任董事長的經營者所主導的企業，經營者可明確提出自己的想法（Top → Down），這樣的作法會較有效果。但如果不是這類型的企業，則以由下而上（Down → Top）的方法較為有效。即公司去徵求所有職員的意見，再將這些意見加以集合、篩選，然後做出最後的決定。

這種作法可以使得職員在行動時對自己訂定的行動基準產生親和力，執行起來會更加賣力。

■以淺明的用語明示

為使 CS 的行動基準能更貫徹到每一個人員身上，有效的作法是訂出企業理念。企業理念相當於是該企業的憲法，不但能引起公司職員的關心，也較容易貫徹執行。目前已經有很多先進的企業提出顧客優先、顧客滿意作為企業理念。

舉個例子來說：西友企業就用很簡單的「顧客最優先」五個字為其經營理念，簡單又明瞭。乍看之下它也許顯得有點不足為奇，而且過於簡短。但是公司認為「我們不唱高調，總之最重要的事就是以顧客為最優先，這五個字就代表了一切」，由此也可以讓人感受到該公司在這方面的用心與堅定信念。

以下是積水屋公司的經營理念，它也是以顧客優先爲其基本觀念，只是在用語解釋上稍微詳盡一些罷了。

> 顧客第一主義：提供顧客永久滿意的住宅是我們每一個事業分子的喜悅，我們將紮根地域，貫徹顧客第一主義。

接著介紹小僧壽司本部的經營理念，它使用了簡明易懂的說法，相當具有說服力。

> 小僧壽司連鎖店的目的是：「透過壽司，把滿意賣給顧客」。藉由銷售「滿意」，去獲取利益是我們的生意之道。
> 如果不能賣給顧客「滿意」，便不能獲取利益。所以身爲小僧的我們所要學習的是怎麼把「滿意」賣出去。

■經營者的 CS 語錄

「顧客滿意度是一切之首」──久米是志（本田技研工業社長）
　　或許有的人會認爲這只是我記得的一句話而已，但是就我擔任社長以來，我便一直強調這句話。大致來說企業的任務有三個，即對地區社會的貢獻、從業人員的工作價值、及愛護買我們產品的顧客。而前面兩點事實上只要公司努力去對待它的顧客便可以做到。因此，這個概念和所有目標可以說是相通的。　　　　　　　　　　（1988.12.7）

「最佳服務」──山口開生（日本電信電話社長）
　　這個世界有時光靠「和氣」還是沒有辦法的。愈是處在困難的時期，我愈會重新自問民營化的原點究竟是什麼？而答案就是提供顧客最滿意的服務。所以我才提出「最佳服務」的標語。在行動時，我們先要思考爲了每一位利用者，究竟我們能做什麼？同時我要自己確實記住不可迷失了這個原點。　　　　　　　　　　（1989.1.18）

「站在顧客的立場、採取有創造性的行動」──金岡幸治（鐘紡社長）
　　做了 30 多年的事業，結果發現當忘記自己的事、努力在爲客人忙碌時收獲最大。一旦經營公司，很容易就只關心企業的利益，但是這是不行的。換句話說，還要重視「社會性」才行，唯有如此才能機敏地適應輿論的變化。　　　　　（1988.4.18）

「商魂士才」──久田孝（內田洋行社長）
　　無法以顧客爲本位考慮事情的話就無法掌握市場。重視商人的精神，即站在對方的立場，也就是凡以顧客爲第一，此即所謂的商魂。隨時將此觀念謹記心頭，不爲流行淘汰之外，還要確立經營的基本──企業的精神、經營的哲學。而這些便是士才。本公司的社長，也就是我的父親，當年寫在色紙上送給公司幹部的這些話，目前讀起來依然感覺新鮮。　　　　　　　　　　　　　　　　（1988.2.1）
　　　　　　　　　　　　　　　（引自日經產業新聞「我的經商座右銘」）

　所謂企業理念常流於只是一種觀念性的語言，但此處的經營理念斷然地以銷售顧客滿意為目的，雖然用很淺顯的語言說明，卻獨具特色。

　我們無法輕率地下判斷說什麼樣的經營理念才是合適的，不過最理想的是要配合自己企業的業務內容、自己的立場去制定。但最重要的是要讓任何人一看就懂它的內容，而且能夠立刻讓人理解企業的姿態。如果受限於權威與形式，只是羅列一些難以理解的艱澀文字，恐怕一起步就要觸礁了。

■各公司有關「顧客優先」、「顧客滿意度」的經營理念、經營宗旨的事例

大金製作所

　「我們的社會使命是不斷提供滿意的商品給最終消費者。」

　所謂顧客並不只是指對外的而已，公司內部的後續工程都是自己的顧客。

　為了客人，我們要以「更實在」、「更合理」、「更專注」勉勵自己，這樣才能使工作獲得改善，了解顧客需要的是什麼樣的商品，並使工作永遠地不斷持續下去（以下省略）。

不二家

　「藉由優良的商品與最完善的服務，不斷提供美味、愉快、便利與滿意給顧客以貢獻社會，是我不二家的使命。」

五十鈴汽車

　「我們除了創造使世界各地的顧客都衷心感到滿意的商品與服務以貢獻社會以外，也發展我們的公司成為一家充滿人性的企業。」

松屋

一、顧客第一主義（Please Come Again），簡稱 PCA。
　提供顧客會想再來購買的商品與服務。
二、共存共榮
　與優良廠商保持良好、正當的交易關係，我們的產品品質與品項部位居日本第一。

三、尊重人性
　　培養從業人員，使其能力得以充分發揮。
四、穩健經營
　　每日以誠意去累積我們的每一項產品。
五、創意開發
　　開發有益顧客的新產品，創造新的服務。

日本 Unisis

　「顧客的滿意才有日本 Unisis 的成長，我們以顧客第一主義爲依據，提出「U&U」（User and Unisis）爲關鍵字（標語）」。

關西塗料

　「講求公司信用，提供顧客滿意的產品以貢獻社會（以下省略）」。

· **小提醒**

　欲使 CS 精神提升，須以顧客滿意的觀念為企業理念，使所有人員稟持這種理念並付諸實踐，唯有如此才是致勝之道。

4-3 培養CS精神與改革企業風氣

■培養整個公司的 CS 精神

QC 活動裡，有鑑於「只是特定部內的活動會有其界限，所以需要整個公司的 QC 活動」，所以 TQC（Total Quality Control）活動才因此展開。同樣的，在 CS 活動中，也需要有整個公司的「TCS（Total Customer Satisfaction）」活動。

在 CS 經營裡，一個人的一點點小過失就可能形成致命傷害，所以推動整個公司的 CS 活動是非常重要的。比如零售店的店面陳設、店內氣氛、商品品項等都無可挑剔，但是其中一位職員的一句無心之言就可能傷及顧客，使其感到不愉快，那麼其他方面的努力也會因此而泡湯。

以前我曾經就在某家店目睹這樣的光景，一位上了年紀的婦女在店裡購物，婦人選好了喜歡的商品，準備付錢的時候，店員對她稱了一聲「老太太」。就在這同時，這位婦人立刻顯得勃然大怒，說：「對著客人稱老太太真是沒禮貌，這個東西我不要了！」丟下商品掉頭就走了。

店員並非存心冒犯，而且稱老太太的時候口氣還相當的和氣，但是因為他不經心的一句話卻錯失了銷售的機會，而且還激怒了客人。她的確是一位上了年紀的婦人，稱她為老太太，任誰聽了都不會覺得奇怪。但是就銷售時的用語來說，不管對方的年齡再高，都要避諱稱人為「老太太」，應該稱之為「這位客人」。

像這種不是出於惡意，但是不經心就對客人說了使其不悅的話的情形是經常可見的。對於這些使人生氣的不經心之話，有的人可能不會像這位婦人一樣，當場表示自己的感情，但是內心也會認為「多麼地失禮、真是胡來！」有的人可能永遠再也不會上這家店來了。

這一類的過失是因為以顧客觀點為立場的經營，沒有貫徹到整個公司才引起的。這樣一來其他方面的努力，像店面的裝飾、豐富的商品品項等等都會因此而付諸流水了。為了不讓這類事情發生，必須設法讓所有的人員理解 CS 的理念、觀念（如下圖「CS 精神之圈」），讓每個人成為提高顧客滿意的重要一份子。CS 精神的圈面不只包括正式職員而已，它還涵蓋了兼職、工讀及約聘人員，甚至關係企業的職員。兼職與工讀人員常是為了削減銷售費用才採用的雇用方式，但是如果這些人員造成客人的不悅，對公司而言反而得不償失。唯有每一個層面的人員都具備 CS 的精神，形成一個強而有力的環扣，才能使顧客的滿意提高。

經營者對 CS 經營的熱忱，加上理解這些觀念且能實踐的職員，才能使

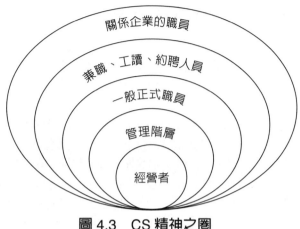

圖 4.3　CS 精神之圈

CS 的經營成功。不能讓職員覺得他們是被迫做 CS 經營，如果能做到讓職員覺得他們是以自己的力量在推進 CS 經營的話，可說是最高的境界。

■真心體會 CS 精神才能真槍實彈

　　關於 CS 精神，這裡我們先看一則小故事。這是以前在建大阪城時的故事。有一位官人問三位在搬運石頭的小工說：「你現在做什麼？」而三人的回答各是：
　　①第一位工人：「我在搬運石頭。」
　　②第二位工人：「我在搬運建石牆用的石頭。」
　　③第三位工人：「我在搬運建大阪城石牆用的石頭。」
　　第一位零工的腦中只有搬運石頭這個行為，但第三位零工則很明白地知道搬石頭的目的是什麼。第一位與第三位工人對工作的姿態有著顯著的不同，而自然的其工作的結果也會產生不同的差異。
　　在 CS 經營裡，如果所有的員工都能像第三位工人那樣地回答的話，事情就無法可說了。
　　以賣睡床的店員為例來說，如果你問他「你現在在做什麼？」他的回答不能只是「我在賣床」，而應該是「我在賣一種能使客人睡眠舒適的床」，如果他能立即做這樣的回答，則一切就無一需擔憂了。
　　就算他嘴巴沒有這麼說，心裡也要想：賣的是一種使客人睡眠舒適（顧客滿意）的東西，即站在顧客的觀點來想像，而不是只以賣者的立場來想：賣的只是床這個硬體。

■以雙向（Two-way）方式提高 CS 精神

培養 CS 精神的方法很多，例如每天在開始上班時，可讓所有人員齊聲朗誦 CS 的理念，上司則掌握各種可能的機會做啓蒙活動。已確立 CS 經營推進組織的公司，則由 CS 活動推進室的組織負責整個 CS 精神的育成活動。

另外，爲了讓所有人員理解 CS 經營的觀念，培養 CS 精神，可以舉行研修會、發行冊子、揭示呼籲提高 CS 的海報與標語、發行 CS 情報雜誌等，藉由這些對具有行動力的員工展開強力的支援活動。

利用這些方法培養員工 CS 精神的時候，必須注意的是不能以單向方式進行，必須採雙向方向。任何事情最好都能由下主動興起，而不是由上單方面強求。上下彼此之間如能互相配合，協調去培養 CS 精神，其效果將會更顯著。

唯有讓職員理解 CS 的重要性，讓他們心悅誠服，才能激發他們的工作能量。這些強而有力的能量對推進 CS 經營而言，是比什麼都重要的。

因此，CS 的相關情報刊物不妨好好利用。不一定只由上方提供 CS 資訊，也可多預留一些篇幅刊登一般職員對 CS 的看法及實踐活動等等，這樣就可以構成一種雙向交流的情報刊物，可以幫助培養人員的 CS 精神。

整個公司的 CS 活動雖以這樣的方式展開，但是如果想要更進一步提高效果，有一點要留意的是必須讓包括管理階層人員在內的所有員工去了解消費現場。在 CS 經營裡，與顧客的接觸點是很重要的一環，是眞實的一瞬間，CS 經營是由此開始的，所以不了解現場而遑論 CS，無異於紙上談兵。

因此，不在現場者應盡量利用機會接近現場，親自去感受現場的一切，學習站在現場去想事情。但是任由各人方便將不易貫徹，所以不妨可規定大家一定要定期到現場見習。更徹底一點的話，可於人事異動時安排每個人員到與顧客接觸的部門經歷一下。這麼一來，每個人員都能了解消費現場的情形，也可以學習站在現場來思考事情。

・小提醒

一個人的疏失可能形成 CS 經營的致命傷害。除了正式職員之外，兼職人員乃至工讀人員都應培養其 CS 的精神。

Note

4-4 CS調查的三原則

■第一個原則：「持續性」

當所有人員都建立了 CS 理念，確立了 CS 精神之後，接著就是要衡量顧客的滿意度，實施 CS 調查藉以了解顧客的需求。CS 調查對商品及服務的改善計畫而言是非常重要的資料，所以進行之前的準備工作必須特別用心。

在進行 CS 調查時，必須遵循以下的「CS 調查的三原則」，即：

①「持續性」的原則：調查工作必須定期持之以恆地進行。

②「定量性」的原則：調查須以可進行比較的定量方式進行。

③「正確性」的原則：調查內容必須是可以正確掌握經營的實態。

我們先從第一個原則「持續性」來看。調查的實施時間與次數會因目的而有差異，但是 CS 調查必須以定期且持續的方式進行。CS 調查的主要目的是想知道與以前相較之下，在綜合上及部分上有哪些程度的改善，所以它的大前提是要有個固定的比較基準。

所以，於一定時期以一定的方法持續進行調查是很重要的。這樣才能看出時間上的變化以進行比較，同時掌握顧客的滿意度狀況及問題點。如再將調查結果繪製成圖則更可一目了然，看出努力的結果。

調查的次數愈多，調查就愈能深入，同時可以知道顧客的滿意度與意識上的變化，但相對的卻要花費龐大的費用與勞力。因此，每年至少要進行一次調查，但有時須視自己公司的經手商品及經營狀況而定，每半年或每季、每月定期持續進行調查。

在前面的章節中我們曾介紹過美國 HONDA 公司每月固定要對一年前買進新車的顧客，進行一次 CS 調查，然後根據調查結果採取迅速的應對處理。也正因為如此它在 J.D. Power 公司對汽車「顧客滿意度調查中」，連續五年蟬聯排行榜的第一名。每月進行一次調查是相當耗費人力的，但也正因為它不斷努力追求顧客的滿意，才有這般輝煌傲人的佳績。

如果只是為調查而調查，則儘管調查的次數增加的再多，最後也只是浪費時間與金錢罷了，沒有什麼實質的意義。唯有以提高顧客滿意為目的認真地進行調查，才會有效果和成果。時代的變化愈快，愈要及早採取因應之道，否則將為時代所淘汰。預料未來的調查不但次數要更為增加，同時要有更迅速與細心的因應處理才行。

■第二個原則：「定量性」

想要知道與上一年度的比較或時間上的變化傾向，須以數字來表示調查結果，這樣可以一目了然進行比較。因此各公司必須設定自己的基準並加以指數化，使調查能以數字來表示其結果。只要此基準能確實確立，就可與上年度做一正確的比較，不但可藉此了解顧客的滿意度，也可以做為下次改善計畫的重要參考資料。

以定量方式掌握顧客滿意度的一般作法是先設定問題項目，然後配以3～5項的回答項目，讓受訪者從中選擇。回答項目如果是「非常滿意」即為5分、「滿意」是4分、「還算滿意」是3分，依此進行評價。分數合計的話就是綜合評價。另外，如個別合計各問題項目的得分，還可以知道哪一個項目的滿意度高，哪一個項目的滿意度偏低。

想要知道顧客的滿意度，指數化是絕對必要的條件，但是企業所設定的問題項目通常都限定在如何使目前的不滿意的地方提高其滿意度。對於顧客在新產品及服務方面有哪些需求則無法得知。想要提高顧客的滿意度，這些新的需求也要列入考慮，而且這些也可活用在下次的企劃上。

因此，問卷的最後最好再加設一個自由回答欄。自由回答寫起來比較麻煩，我們不能期望每一個人都會填寫，但有時還是可以蒐集到一些寶貴的意見。而這些意見當中很可能就隱藏了下次熱門企劃的寶貴啟示在其中。

■第三個原則：「正確性」

既然花了時間與金錢去進去調查，調查結果所得的統計必須是可以信賴的才具有意義。否則非但無意義，甚至有害。因此，「正確性」也就理所當然地成了絕對必要的條件。即使是同樣內容的東西，調查的方法不同，結果也會產生很大的差異。所以，為了追求正確性，下列各點應該特別注意。

①調查對象的抽樣方式是否適當？
②調查項目的內容是否可以充分調查經營的實態？
③調查的方法是否適切？
④負責調查的人是否適當？

· 小提醒

> 想要藉由 CS 調查取得有價值的情報，一定要遵守「持續性」、「定量性」與「正確性」三個原則。

4-5 如何使CS調查的「正確性」提高

■依據適切的抽樣進行調查

在選定 CS 調查的受訪對象上，大致可分為下列二種方法：

①全數調查……對所有的顧客進行調查。

②樣本認查（抽樣調查）……從所有顧客當中選出部分的顧客進行調查。

就 CS 調查的正確性來看，全數調查當然是較有利的，但是如果顧客的人數很多，其所花費之時間與費用也會相對增大，所以這方面多半只限定於汽車與住宅等特定的業種所使用。以汽車生產廠商來說，有的會在買入新車的一定期間之後，針對所有的購買者進行調查。

很多企業都只進行抽樣調查，由於是抽樣的調查，所以與全數調查之間

■抽樣的方法

(1) 單純的隨機抽樣法

從所有顧客中以完全隨機之方式抽出樣本之方法。在作法上可先將每位顧客加以編號，再使用亂數表抽出樣本等等。

(2) 等間抽樣法

先將每一位顧客加以編號，再以相等間隔（每隔 10 號的話就是 10、20、30……）抽出樣本。

(3) 分類抽樣法

依性別、年齡等特性將所有顧客分成數類，再從各分類中去抽出樣本的方法。

(4) 區域抽樣法

將所有顧客分割成縮圖般的幾個小區域，再從這當中抽出當作樣本的小區域，針對此小區域內的所有顧客進行調查的方法。

亂數表

亂數表是將 0～9 的數字做不規則性排列的一種數表。整體而言，0～9 的數字會以同樣的機率出現。在實際使用時，可用一位數、二位數或可任選行、列的數字使用。

難免會產生誤差。不過只要抽樣的方式得當,可以不必花太多的時間與費用,而且所得的調查結果的正確性有時候也不會比全數調查差。

　　抽樣有很多種方式,所以要先考慮自己顧客的特性,選擇調查結果能與全數調查較爲相近的方法即可。抽樣錯誤的話,只能得到片面性的結果,所以進行抽樣調查時必須愼重其事。

■問卷的設計須能正確表現出回答者的意思

　　同樣的調查對象,其調查結果會因問題的方法而產生極大的差異。問題如果會誘導回答走向特定的方向,則調查結果將與回答者的本意相違,因此在設計問卷時須特別注意要使回答者的意思能夠正確地表達出來,才不會有上述的弊端發生。

問 題 項 目

人的因素	1. 服務指導員周到照顧的情形
	2. 服務員周到照顧的情形
	3. 服務指導員的綜合能力
	4. 服務指導員對問題的理解
	5. 服務指導員的迅速受理
	6. 保證修理的成果
	7. 作業的設備數充足否
	8. 作業工具、設備的充實
	9. 服務人員的技術知識
	10. 零件人員的周到照顧情形
	11. 服務／修理作業之迅速
	12. 服務／修理的預約快速
	13. 作業的品質
	14. 機械人員的訓練度
	15. 照約定完成
	16. DIY 零件的取得情形
	17. 服務點檢所花時間之妥當性
技術因素	18. 保證期間內有無事故經驗
	19. 交車時有無事故經驗
	20. 所體驗之修理事故的種類
	21. 因經銷商的不滿意服務而來廠次數
	22. 初次修理事故之能力
	23. 服務用備件的取得

圖 4.4　J.D. Power 公司的 CS 調查的問題項目

註:由 17 項人的因素與 6 項技術因素所構成　　　　資料來源:(日經技術)1991.9.16

■製作問卷時的留意點

(1) 第 1 道詢問以容易回答者為主，排列的順序要考慮到相互之間的關聯、由易而難、循序漸進。
(2) 詢問須能使受訪者立刻回答，準備好事後方便加以統計的回答項目讓回答者從中選擇。
(3) 選擇重點性的問題項目。
(4) 一道詢問只能限定詢問一個問題點。
(5) 問題的用語應淺明易解，使每個人都能容易了解。
(6) 避免含有誘導性質的問題。

在進行 CS 調查時，另外還有一點要留意的是問卷的項目內容須事前充分進行檢討，這樣才能正確地調查出顧客的滿意度。如滿意度對象為製造者本身，則構成滿意度的要素在直接方面有商品與服務二者，因此必須針對這二者設定周密的問題項目。如調查對象為服務業者，則從服務的開始至其終了，都須針對與顧客的接觸點，設定周密的問題項目。

如果問題項目過於偏重某部分而遺漏重要項目的話，將無法正確了解顧客的滿意度，因此在製作問卷項目時，必須做審慎的確認。另外，隨著時代的變化，顧客滿意度的衡量指標也不斷在變化，關於這一點也有必要加以確認。就一般的趨勢而言，隨著經濟的軟體化、服務化的進展，服務所占之比重將高於商品，因此在設計問卷時須考慮加重服務項目的比重或增加新的問題項目。

另外，想要提高 CS 調查的正確性，最重要的是要讓回答者能夠正確回答，而以下就是問卷製作上的一些留意點：

■可以獲得正確數據的調查方法

CS 調查的具體方法，大致可分為郵寄、電話與面談三種。就正確性來說，面談方式是最理想的，但是要逐一訪問調查的對象顧客請其回答問題，所要花費的時間與費用是相當龐大的。因此很多企業都採用郵寄方式。

郵寄方式雖然不必花費那麼多的時間與費用，但是它的缺點是回收率很低。回收率過低的話會影響正確的調查，因此得想辦法提高回收率，例如一開始就得多增加一些抽樣的樣本數。

以下是提高回收率的幾個方法：

①向顧客說明 CS 調查的重要性，請求其善意的協助。

②提供電話卡或圖書券等等贈品給回答者。在這方面有對回答者日後郵寄補送，也有連同問卷一起寄出者。

③調查內容方面，應與受訪者約定保守祕密，即「不得給其他人看或使用於其他目的」。

④在寄出問卷之前應先打電話照會對方，請求其協助。

⑤郵寄用的信封宜避免採用公文式的牛皮紙信封，可用彩色信封等等令人賞心悅目的紙袋。另外，郵費的負擔方面，最好也不要直接蓋上

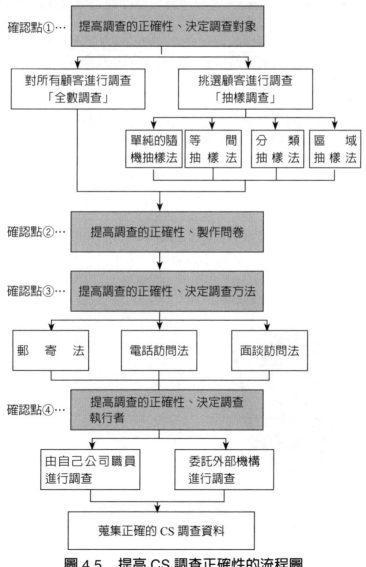

圖 4.5　提高 CS 調查正確性的流程圖

「郵資已付」的郵戳，須逐一貼上郵示（儘可能的話挑選設計精美的紀念郵票）。

⑥問卷回函的郵資當然是由企業負擔，其方式也是以貼郵票方式，而不是印上「受函者付資」等字樣。

⑦對於未在期限內回函的顧客，可再次寄出委託函或以電話催請。

■選定可以取得正確數據的調查負責人

關於具體的 CS 調查方法，這裡還有一個問題是調查是由公司自己進行，還是委託外部的調查機關代為進行。委託專業的調查機構進行要花相當高的費用，但若以正確性的方面來看，它的優點是可以較客觀的立場進行調查。尤其所委託的調查機構如果很有名，可因其建立的信用度更容易取得顧客的協助。

如果採用面對面式的訪查，顧客在被公司的人問及對商品及服務的滿意度時，在面對面的情況下也很難開口說「非常不滿意」。就算覺得不滿意，也會採取稍微緩和的「馬馬虎虎」來回答。

但是，如果把調查工作交給與該企業沒有關係的第三者去執行，受訪者便可以很直接地講出真心話，這樣得來的數據會比較正確。所以如果由自己公司進行調查，一定要找一個能夠考慮回答者心情，正確進行調查的人才行。

由以上說明可以了解調查工作包含著很多微妙的問題，所以從決定調查對象到決定調查執行者都要慎重下判斷，使調查的「正確性」更為提高。

・小提醒

　想要提高正確性，在調查對象的決定、問卷的設計製作、調查方法的決定、調查負責人的決定等方面必須做審慎的確認。

Note

4-6 分析CS調查的結果與採取迅速的應對措施

■決定顧客滿意度的二個要點

實施 CS 調查，收回回答者的問卷之後，接著就是進入統計與分析的作業程序。在統計與分析的階段會出現以下兩個問題：

(1) 到什麼程度的顧客才算是滿意的顧客

第一個問題點是回答項目中到哪一個程度的顧客才算是滿意的顧客。滿意度的分數會因所決定之基準產生很大的差異，所以一開始就必須使這點明確。只要一開始決定好基準，接著再依據這個基準進行，就能與上一個年度進行明確的比較。

一般來說，一個問題項目的回答選擇數至少有三個，多者會有 7 個之多。若以「滿意」、「普通」、「不滿意」三者作為選擇答案的話，當然只有「滿意」能算入滿意度的分數。如果以「非常滿意」、「滿意」、「稍微滿意」、「稍微不滿意」、「不滿意」5個答案作為選擇的話，「非常滿意」與「滿意」算入滿意度的分數是不會有任何疑問的，但現在的問題是「稍微滿意」要不要算進去呢？

回答的方式會使回答者產生微妙的心理，雖然字面是「稍微滿意」，但它包括了接近「滿意」與接近「稍微不滿意」二種情形，非常不容易去判斷它的定位。所以，如果把「稍微滿意」算入分數，則整個分數就會提高很多。

就結論來說，我個人認為「稍微滿意」不要算入滿意度的分數比較好。因為回答「稍微滿意」的人是屬於不安定的一群，只要一點小事就足以使他們轉變為不滿意者。把這些不安定的人當作滿意者計算，自詡「本公司的顧客滿意度是如此之高」的作法是有點不合道理的。正確的作法應該以更嚴格的方式進行評價，努力提高滿意度，這樣才能產生好的結果。

(2) 回答的問卷可直接進行統計嗎？

第二個問題是回收的問卷可直接進行統計，算出滿意度嗎？郵寄方式的調查特別會碰上這個問題。

為求 CS 調查能夠有其正確性，抽樣時會特別注意性別及年齡等等方面的問題，但是儘管如此，寄回的問卷並不會依照屬性呈平均性的分布。不是過於偏向某個特定的屬性就是零散不齊。這些屬性若是單純地將零亂的

問卷累計去計算出來的滿意度，將可能產生極大的誤差。

　　因此，在進行問卷的統計時，必須先做適當的調整才能減少誤差。在調整方法上，可先算出各屬性的滿意度，然後再依據各屬性在所有回答者中所占之比率，去調整這個滿意度。最後再求出所有回答者的平均滿意度。經由這樣的調整，可以更正確地求出整個企業的滿意度。

■迅速對問題採取應對處理可使滿意度提高

　　算出顧客的滿意度之後，接著就要從各種不同的角度去進行分析作業。與過去的數據相較之下，整體的滿意度或各屬性的滿意度是否提高了？如果反而下降了，其原因是什麼？這些都要審慎加以檢討。問題點掌握之後，接著針對問題點制定改善計畫去謀求解決。

　　在分析與改善計畫的階段，最重要的工作是針對滿意度低的部分，迅速採取應對的處理。滿意度低表示顧客有許多的不滿，所以除了要儘快找出不滿的原因之外，也要迅速展開行動去解決不滿。迅速採取處理解決問題，不但可以緩和顧客的不滿情緒，還可以保住顧客不使流失。有句話說：「否極泰來」，不管遭受什麼失敗，只要能迅速採取因應處理，有時反而更能獲得顧客的信賴，使之成為公司的忠實顧客。

・小提醒

　　能迅速解決顧客的困擾，顧客就能成為公司的忠實顧客，甚至帶來新的顧客，此說明危機也就是轉機。

　　松下電器曾經生產過有缺陷的文字處理機產品，但因為它的迅速處理，使得一切「否極泰來」。事情的發生是因為該公司的文字處理機的軟體部分有瑕疵，使得使用時出現在畫面上方的日期、時刻的顯示，在電源切斷時一切都會跳回 90 年 1 月 1 日 0 時 0 分上，而不得不重新調整。

　　電腦軟體有缺陷是常有的事，業界通常都在使用者提出抱怨時才去修理，「發生主義」已經成為一種慣例。但是松下公司則不因循這慣例，它以重視顧客的觀念將已賣出的三萬台文字處理機全部回收。

　　回收是要花相當可觀的時間與費用的，但儘管如此它還是依據購買名單將所有產品回收，包括沒有提出要求的顧客。它這種作法與過去其他業界的「發生主義」（看事辦事）可說大異其趣，因此得到顧客極好的回響，事件發生之後，文字處理機的銷路依然順利成長。

　　相撲協會在 91 年的秋季大賽中做出一項決定，即選手擺架勢到交手的時間若過長須罰以制裁金，同時規定沒精神的相撲禁止入場。日本名人若之貴引起一陣相撲旋風，但是人氣是很容易退散的，相撲協會有鑑於「任由目前的情況（擺架勢到交手的時間沒有管制等）發展，不予管理的話，有一天觀眾將會棄之遠去」，所以才做了上述的決定。由此可見，不管哪一種行業，只要發現問題點都要迅速想對策解決，這樣才能提高顧客的滿意度，進而使企業不斷成長。

· 小提醒

　　想以更嚴密的方式進行評價，同時達到正確性，須利用回答者的加權平均來計算顧客的滿意度。

Note

4-7 確立蒐集CS情報的體制

■利用 PUSH 戰略與 PULL 戰略的 CS 情報蒐集體制

利用 CS 調查可以測知顧客對自己公司商品及服務的滿意度，了解顧客的需求，並且這些也是制定下一個 CS 經營戰略的寶貴資料。但是如果認為只要實施了這個 CS 調查，CS 經營就可以成功，那又未免高興得太早了。原因是 CS 調查不可能一年進行太多次，所以只憑這些調查是無法蒐集推進 CS 經營所需之資料。我們每天與顧客接觸，在與顧客的日常對話中就有很多寶貴的情報，對於這些情報，應該想辦法去取得並活用在 CS 經營上。

因此，除了要有定期、持續進行 CS 調查的體制外，還要有能透過日常的經營活動蒐集顧客意見的體制。藉由這兩個體制，CS 情報的蒐集體制才會完備，可蒐集定期性與日常性的寶貴情報，作為推進 CS 經營的資料依據。

下圖所示者為 CS 情報的蒐集體制。

定期實施的「顧客滿意度調查體制」是企業向顧客推動的情報蒐集活動，所以是「PUSH 戰略」，而日常進行的「蒐集顧客心聲的情報體制」是去吸收顧客的意見，故可命名為「PULL 戰略」。

■設置蒐集顧客意見的單位

談到建立蒐集顧客意見的體制，首先要做到的事是讓所有人員理解「顧客的意見是推進 CS 經營的寶貴資料」這個事實。

其次是建立蒐集顧客意見的體制，使大家能張大耳朵傾聽顧客的訴求。這樣才能使潛在的顧客意見浮現，蒐集到推進 CS 經營的寶貴意見。

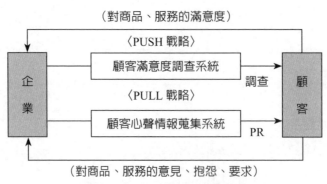

圖 4.6　CS 情報蒐集系統

　　關於蒐集顧客意見的具體單位，目前有的企業已設有所謂的「消費者懇談中心」，專門負責聽取顧客對商品的建議、抱怨與希望等等，企業會將此處蒐集到的意見加以活用。還沒有設置這類單位的企業，應該儘早籌劃進行。

■有效蒐集顧客意見的二個重點

　　欲使「顧客意見情報體制」有效發揮機能，必須注意以下二個重點：

(1) 要能誠摯聽取顧客的反應

　　想要蒐集有益於 CS 經營的寶貴資料，其條件就是要多蒐集顧客的反應，而且要質量並重。要做到這一點，蒐集意見的一方首先要敞開心胸、誠摯聽取對方的訴求。同時要廣泛向顧客 PR「不論是抱怨、責罵、希望，只要是顧客的意見，一概接受」，而且在聽取意見的時候也真的要以這樣的心情去聽，如此顧客的意見才會不斷反映上來。有時候顧客可能會提出一些莫名其妙的要求。即使遇到這樣的情形，也不可以有輕蔑顧客的態度顯現，認為對方沒常識、外行人說外行話等等，還是要跟平常一樣，感謝他們提供意見。這樣才能讓顧客覺得「我們說的任何話，那家公司都會仔細注意」，使顧客對公司產生信任，使一些過去一直沉默、潛在的抱怨也能無所顧忌地反映出來。另外，還可設免費的消費者電話專線讓顧客方便提供意見，雖然這樣會增加費用支出，但卻可以蒐集到更多的情報。

(2) 負面的情報也要使其流暢傳達

　　不管有再好的情報，都要能活用才具有價值。因此，蒐集到情報要能順暢傳達給上自經營者下至各相關部門才行。通常正面性的情報都會流通，但問題是在於那些負面性的情報。一般人都不喜歡聽到不好的情報，傳達給上司會一再地拖延。

　　但是對 CS 經營而言，這些負面的情報才是真正重要的情報。儘早掌握負面的情報，設法解決問題，才能使顧客感到滿意。所以負面的情報應該迅速傳達給經營與相關的部門。趁著問題還小時儘早設法解決，才不會使問題演變成不可收拾的大問題。

　　要讓負面情報能夠迅速且正確地由下向上傳達的有效方法是經營者與上司在面對這些負面的情報時，不能大聲責罵或表示出不悅的態度。任何人聽到了不好的情報都會不高興，但是斥責只會使得不好的情報更無法上傳。而當察覺時往往為時已晚，情況無可挽救了。

　　對負面的情報非但不應採取斥責手段，相反的相對於傳達者應予獎勵，這樣才能使不好的情報流通順暢。一個公司必須建立使情報（包括不好的情報）流通順暢的體制才行。

· 小提醒

　　若欲掌握 CS 經營的推進問題，除了進行 CS 調查之外，還須建立一個能蒐集顧客平日心聲的體制。

Note

4-8 NTT的CS情報蒐集體制

■設置「Orange Line」蒐集用戶的意見

為發展 CS 經營,目前許多企業都建立了「蒐集顧客意見情報的體制」,積極地展開活動。其中成果較顯著者首推 NTT 的「Orange Line」與花王公司的「新回應體制」,以下介紹其活動之內容。

首先先看 NTT 的「Orange Line」,它是開始於仍屬於國營電信電話局時代的 1982 年 7 月 4 日。它的基本觀念是「電信電話局這種沒有競爭對手的獨占性事業,要能認真接受各方用戶的意見,搶先走在顧客的反應之前才會有發展」。換句話說:「有效地轉動廣報(指宣傳報導)活動與廣聽(指廣泛收聽)活動的雙向溝通」是非常重要的。以用戶的意見為寶貴的經營指針,改善服務,使用戶獲得滿意,並將整個廣聽活動的體制命名為「Orange Line」,它的基本概念如下:

①廣聽不只是去聽抱怨意見,而是更積極地去發掘潛在的意見,建立這樣的一個活動體制。換句話說:建立一個廣泛從各個層面去蒐集顧客意見、反應的機能。

②建立一個能夠將所蒐集到的使用者意見積極活用於事業的機能。也就是建立一個能夠對情報加以檢討、分析、制定對策並確實回饋的體制。

■運用各種方法去傾聽顧客的聲音並活用於經營

利用於以下各種方法去蒐集更多利用者的聲音(意見)。

① Orange Number(用戶專線):利用電話探詢使用者的意見與希望,接受其建議的方法。免費電話專線,使用者不必付費。

②用戶代表會議:各分局、營業所探詢當地用戶的意見及需求的方法。

③ Orange Counter(用戶服務台):各分局、營業所利用其服務台探詢用戶意見拘方法。

將您的意見說給我們聽!
ORANGE LINE

圖 4.7　Orange Line 標示

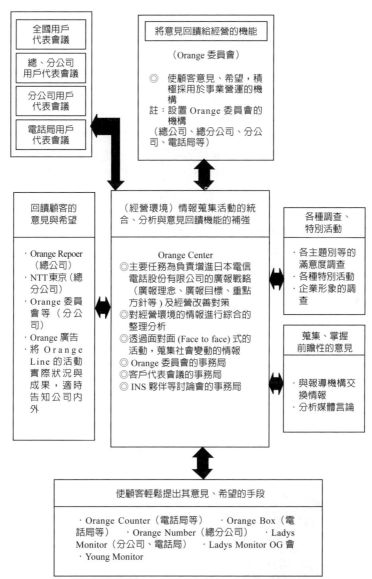

全國用戶
代表會議

總、分公司
用戶代表會議

分公司用戶
代表會議

電話局用戶
代表會議

將意見回饋給經營的機能

（Orange 委員會）

◎ 使顧客意見、希望，積
極採用於事業營運的機
構
註：設置 Orange 委員會的
機構
（總公司、總分公司、分公
司、電話局等）

回饋顧客的
意見與希望

·Orange Repoer
（總公司）
·NTT東京（總
分公司）
·Orange 委員
會等（分公
司）
·Orange 廣告
·將 Orange
Line 的活動
實際狀況與
成果，適時
告知公司內
外

（經營環境）情報蒐集活動的統
合、分析與意見回饋機能的補強

Orange Center
◎主要任務為負責增進日本電信
電話股份有限公司的廣報戰略
（廣報理念、廣報目標、重點
方針等）及經營改善對策
◎對經營環境的情報進行綜合的
整理分析
◎透過面對面 (Face to face) 式的
活動，蒐集社會變動的情報
◎Orange 委員會的事務局
◎客戶代表會議的事務局
◎INS 夥伴等討論會的事務局

各種調查、
特別活動

·各主題別等的
滿意度調查
·各種特別活動
·企業形象的調
查

蒐集、掌握
前瞻性的意見

·與報導機構交
換情報
·分析媒體言論

使顧客輕鬆提出其意見、希望的手段

·Orange Counter（電話局等）　·Orange Box（電
話局等）　·Orange Number（總分公司）　·Ladys
Monitor（分公司、電話局）　·Ladys Monitor OG 會
·Young Monitor

註：本圖所列者是以 Orange Line 為基本，全國所實施之內容，
此外的各機構視當地情況，在以 Orange Line 為依據的原則
下，各自增加自己的各種對策。

圖 4.8　NTT 的 Orange Line 體制

④ Orange Monitor：由監測人員持續探詢顧客的建設性意見與需求的方
法。

　　運用以上方法蒐集到用戶意見，立刻由現場的 Orange 委員會進行審議、檢討並下結論。分局與營業所無法自行解決的問題則逐步提報上部機構，由總公司的 Orange 委員會（委員長由社長擔任）審議，做最後的決議。

　　由於用戶在免費意見專線電話中的各項反應，公司也相應地做出各項服務的改善，例如製作「託撥手冊」，讓耳朵及說話不方便的人用來委託電話聯絡，還有電話卡打折制度、利用電話卡繳交電話費等等。

　　在諸多改善當中，以電話卡的開發最受歡迎。使用者對於長途電話的使用，提出各種意見與希望，例如「用十元銅板打電話，銅板馬上會用完，有沒有改善的方法？」、「使用一百圓銅板打的話，剩下的零錢下會找回，是不是可以改善？」

　　這些使用者的意見提供了後來發明小巧輕便的電話卡的靈感。過去 NTT 的服務被用戶批評為「官僚式」，之後因為設置了 Orange Line，展開積極的 CS 經營，使得服務大為改善。

・**小提醒**

　　為提高 CS，利用電話、監測器制度等等，積極蒐集電話用戶的意見，並活用於改善服務。

Note

4-9 花王的CS情報蒐集體制

■迅速回應顧客意見的「新回應體制」

花王公司早於 1978 年即設置所謂的「回應體制」（Echo System），它受理顧客利用電話傳來的各項申訴與意見。在花王的生活科學研究所裡設置了受理顧客電話申訴、詢問的辦事處，它有專門的負責人員回答，以正確、迅速及親切的態度回應每一位消費者的問題。除了透過電話與顧客溝通幫助顧客營造舒適的消費生活之外，更會參考顧客所提出的各項意見，致力改善商品服務，藉此提高花王顧客的滿意度。

在剛引進「回應體制」的時候，對於顧客的問題必須逐一回答，資料相當的龐大。自 1989 年 4 月開始則運用 CCN（Computer Communication Network）體制，使資料的處理耳目一新。

當顧客打電話進來詢問時，只要在電腦盤上敲個鍵，電腦畫面就會立刻出現必要的資料，藉由這些可立即回答顧客想要知道的事項。與顧客對話完畢之後，顧客的年齡、名字、居住地區、詢問內容也會同步建檔到電腦裡。

這麼一來，只要在電腦上敲個電腦鍵，過去有哪些顧客抱怨問題與詢問內容會立刻以線條圖呈現出來，可以一目了然知道各種狀況。另外，來自顧客的各項意見也可做為商品及服務改善的參考。「立刻回應顧客的問題」與「將顧客的心聲建檔」也因此成了賣點，所以名稱也改為了「新回應體制」。

■在商品開發方面成果斐然

過去公司吸收了顧客的各種反映意見，在商品開發方面締造了不少的成果，而其中最大的成果是濃縮洗衣劑「Attack」的開發。濃縮洗衣劑由於體積大，不但不好拿，對於住在狹窄公寓的家庭而言，其放置位置也占了不少空間。因此很多人常反映：「希望有一種不占據空間的洗衣粉」。

花王公司根據顧客的這些意見與實際調查的數據，運用科技技術開發了具有強力洗淨力，每次只需用原來 1/4 量（容器也只需 1/4 即可）的劃時代商品——「Attack」洗衣粉。

換句話說，花王公司因為設置了「新回應體制」，除了能夠回應顧客的問題之外，更參考顧客的意見，努力開發使顧客獲得滿足的商品。

除了 NTT、花王之外，其他很多企業也都建立了這類蒐集顧客日常反映的體制，像日本航空公司的「Hello Line」、西友企業的「西友專線」、

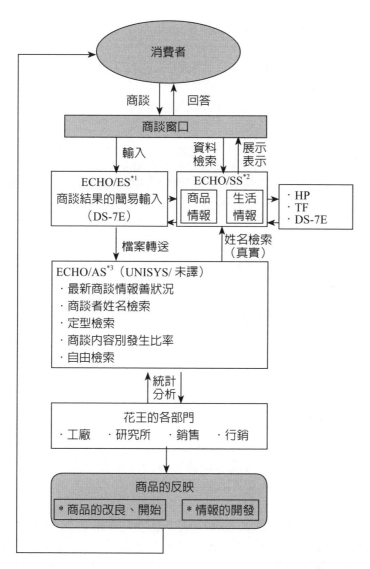

*1：ECHO/ES = ECHO ENTRY SYSTEM （商談結果輸入系統）
*2：ECHO/SS = ECHO SUPPORT SYSTEM （商談窗口支援系統）
*3：ECHO/AS = ECHO ANALYTICAL SYSTEM （商談情報解析系統）

圖 4.9　花王的「新回應系統」

Seven-eleven 的「Young Talk · Talk System」等等，無不認眞致力 CS 的提升。

這幾個例子都是利用電話做爲蒐集顧客意見的手段，除了電話之外，還可以透過營業人員或銷售員與顧客直接接觸來蒐集資料。營業人員或銷售員隨時都與顧客接觸，所以應該可以從顧客那兒獲取各種有關商品及服務的意見與需求。如對這些情報有效地加以吸收，找出問題的所在，這些都可以成爲下次 CS 經營的資料。

這裡我們舉出一個較奇特的方法——餐飲店的觀察法。客人覺得菜餚美味的話會吃得精光，但如果不好吃的話就會剩下來。所以，針對哪些菜單上的菜經常吃剩的進行仔細的觀察，再深入追究問題點，查明爲什麼這些菜總會留下殘餚，然後再研究如何去改善，提供使顧客感到滿意的料理。

像這樣地，只要我們有心去了解日常顧客的狀況，是有很多方法可以知道的。重要的是企業本身要有想要去了解顧客、聽顧客傾訴的姿態。隨時準備傾聽、隨時舉起接收器，那麼情報自然源源不斷進來。

■親自出馬拜訪顧客以蒐集情報

建立起蒐集顧客情報的體制，表示出眞心聽取顧客意見的態度，則推進 CS 經營的寶貴意見自然可以取得。但是，透過電話打進來的顧客心聲，多半限定於那些問題意識較強的顧客。這些情報都是守株待客式地等著顧客自己反映進來，是屬於一種比較被動式的情報蒐集。

因此，想要更深入、更廣泛地蒐集顧客意見的話，比較有效的作法是親自去拜訪顧客，以積極的方式聽取顧客心裡的話。

這個方法雖然在費用及時間的花費上會較高，但是如果實行得當，將可蒐集到許多對商品及服務企劃有幫助的寶貴資料，進而達到滿足顧客的目的。

運用這個方法而獲得甚大成果的例子之一是在訂書機產品中占有 70% 市場占有率之高的美克司（MAX）公司。它之所以能夠創造 70% 市場占有率這樣非比尋常的數字是有其原因的。那就是他們隨時地「提供使顧客感到滿意的好商品」這件工作當作使命去完成，不斷用心傾聽顧客的意見去製造他們的商品。

美克司在推出每一項新產品時，都會對多數的購買者進行實際的訪問，徹底地去了解該商品的使用狀況，這是他們蒐集顧客情報的方法。訪問工作由商品企劃的負責人及營業、設計者等親自出馬執行。每推出一項新產品就設定半年爲期限，在此期間內針對數十人多時甚至一百多位的顧客進行訪問，徹底了解顧客在使用新產品時的感想、意見與需求。在與顧客的

對話當中可蒐集到許多情報，針對這些情報再做檢討，以活用到下次的商品企劃上。

由於如此徹底地進行情報蒐集，所以製造出來的訂書機都會讓顧客覺得很滿意，這也是其訂書機受歡迎的祕密之處。磨掉鞋底逐一拜訪顧客，聽取他們對訂書機的意見，這種鍥而不捨的努力使他們創造了 70% 的市場占有率。訪問的顧客對象是從寄回的問卷中挑選出來的。

最近熱門商品之一的「Flat Clinch」便是他們努力的一個新成果。這種訂書機的最大特點是訂好資料後，訂針前端不會彎曲隆起且訂起來非常平整。因此，即使多份訂好的資料相疊一起，也不會在訂針部分出現凹凸不平。

過去用訂書機裝訂的資料，相疊在一起一定會有訂針部分隆起的缺點，但「Flat Clinch」發售之後解決了這類的顧客不滿，所以目前成了暢銷的商品，每月的銷售量可達到 3～5 萬個。

・小提醒

　　除了迅速回應顧客的商品方面的意見之外，還設置消費者商討室，蒐集顧客的寶貴原始心聲。

Note

第5章
顧客滿意度測量

5-1 測量滿意度

■滿意度能夠測量嗎？

當我們建議企業調查顧客滿意度時，對方最初的反應多半是抱持懷疑態度，以下是最常見的幾個疑問：

①滿意度是人們內心的感覺，如何具體測定？

②每個人的想法不同，滿意的判斷基準也互異，測定的標準為何？

③滿意度會因產品或服務的接觸頻度而異，似乎不易測定。

這些顧慮固然不可避免，但事實上，要測定滿意度並不是太困難的事。例如在咖啡店詢問顧客對咖啡和服務是否滿意時，一定可以獲得「普通」，「很好」等表示滿意程度的答案。姑且不問他們內心做成此答案的過程，但是至少可以得到是否滿意的結果。

而且，即使是相同的產品或服務，滿意與否確實會因判斷基準，和經驗的多寡而異，但是只要有人滿意，即代表顧客滿意度的形成，滿意的客人越多，顯示顧客對產品，或服務的滿意度也越高。

換句話說，所謂滿意度測定，就是調查人們心中經過判斷後的結果，與選舉時調查選民將選票投給那個政黨，並沒有太大的差別。將滿意度測定應用在企業經營上，是非常重要而且困難的事，但是測定本身並不太困難，也無需顧慮心理學上的問題。

■將多數人的滿意感覺平均化

雖然方法上沒有太大的困難，但每一個人的事前期待不同，有的人容易滿足，有的人不易滿足，卻是不可否認的事實。因此，在測定滿意度時，僅調查少數人的意見是不夠的，必須以多數人為對象，然後將結果平均化。

有關測定的幾種方法，將在後面詳細說明，一般最常採用的，就是以事先印好問題和答案的問卷來調查。至於測定的內容並非事前期待，也非實績評價，而是顧客與產品，或服務接觸之後所獲得的結果，亦即所謂的滿意度（圖 5.1）。

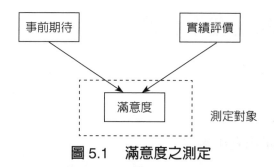

圖 5.1　滿意度之測定

　　這種調查由回答問卷者的角度來看，他們只要依自己實際的感覺來作答即可，可以說是比較容易實施的方式。

· 小提醒

　　由前面所述的內容可以了解 CS 經營的觀念和整個過程，是以顧客滿意度的測定為出發點。本章即針對此最重要的部分做稍詳細的說明。

5-2 顧客的定義是什麼？

進行顧客滿意度調查時，首先必須考慮的是，以誰為對象，也就是說，在測定滿意度之前，應先對何為「顧客」下一個明確的定義。以下就來探討顧客的定義。

■既有顧客還是潛在顧客？

第一個要考慮的是，要選擇已經使用自己公司產品或服務的既有顧客，還是尚未利用的「潛在顧客」。CS 經營是以既有顧客為對象，本文即針對此來說明。

如圖 5.2 所示，在市場學中開拓顧客可以朝兩個方向來努力。一是積極進行廣告宣傳等促銷活動，以儘量增加既有產品或服務的客戶，也就是所謂的「市場開拓」，這種方法也可以作為擴大市場占有率時的戰略之一。

另一個方向是對既有顧客供應新產品或服務，以提供新的價值，也就是所謂的「市場深耕」。

在產品或服務本身差距愈來愈小的今天，要開拓新的客源的確不是簡單的事。首先需投下龐大的廣告宣傳費用，這種投資有時甚至毫無結果，由此來看，「市場開拓」不但需要眾多的勞力和可觀的經費，同時還有相當大的風險。

前面曾提到，當產品或服務違背了顧客的期待時，就會經由口頭傳播，而導致顧客流失和業績減退。如果這種狀況不及時加以改善，即使投下龐大的經費去開拓新客戶，也很難獲得效果，事業也無法安定成長。因此，提高既有顧客滿意度的「市場深耕」非常重要。

「市場開拓」是以不特定多數的消費者為對象，相對的，「市場深耕」則以自己公司既有的特定化顧客為對象，目標固定，效果自然顯著，這是它最有利的地方。今天，企業投資在市場上的經費不斷擴大，如果效率提

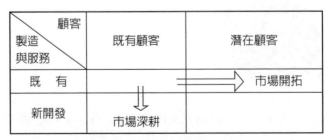

圖 5.2　顧客開拓之方向

高，自然能使企業在競爭上獲得優勢。因此，CS 經營最先考慮的就是以
既有顧客爲對象，提高他們的滿意度，確實地掌握住這些顧客。

　　不過，這也並非意味著完全沒有考慮新顧客的開拓。相反的，能使既
有顧客感到滿意，他們自然會以介紹或推薦的方式，廣爲宣傳所用過的產
品或服務，成爲市場開拓的尖兵。以這種形式開拓新顧客，才是 CS 經營
「市場開拓」的目標。

■使用者還是決定者？

　　其次要考慮的是將顧客設定爲「實際使用者」，還是「決定購買者」。
這一點常隨產品或服務的性質而異。

　　今天的超級市場中，貨架上擺滿了肥皀、化妝品、調味品等日用品，主
婦、學生、單身居住的人等都是它們的顧客。這些消費者購買後，大多自
己使用，可以說購買者與使用者幾乎一致。在此情形下，以購買者作爲調
查對象，並沒有什麼問題。

　　但是像企業所使用的材料、零件、產品、能源、服務等「生產材」就
不一樣了。實際使用這些生產材的是進行製造的「現場」，但是決定購買
哪一家的產品或服務的，卻大多是採購或資材部門。雖然這些部門在購買
前，會徵詢實際使用者的意見，但結果未必完全相同。

　　例如電腦等需附帶服務的商品，使用者對能提供良好售後服務者感到
滿意，但是採購部門卻對能夠顯示與其他廠牌不同，以及能提高採購效率
者，亦即「售前服務」良好的產品感到好感。在這種情況下，要以哪一種
滿意爲優先呢？

　　當然能同時獲得雙方滿意最爲理想，有些人也主張滿意度的調查，不妨
將雙方都列爲調查對象，但是如何達到雙方的均衡以推動 CS 經營，是非
常重要而且困難的課題。反過來說，如何考量此問題，是實行 CS 經營的
基本方針之一。

■流通過程的思考

　　服務業直接將商品（服務）提供給消費者，但是製造業方面，產品的銷
售以及售後的服務，消費者未必與製造廠商直接接觸。產品經由批發、零
售等流通過程到達消費者手中，這時，顧客的滿意度除了對產品本身外，
還受到流通過程中的服務內容所左右。

　　因此，要提高顧客的滿意度，直接與消費者接觸的零售店店員的教育、
店鋪的改善等都必須加以考慮。如果零售店由製造廠商自己經營，廠商可
以透過強力的指示來要求，但是零售店非由廠商直接經營的話，服務品質

如何控制就是困難的問題了。

以家電產品為例，過去產品大多由直營的連鎖店來銷售，很容易貫徹公司的方針。但是今天非製造廠商所能控制的量販店大幅增加，要提高顧客的滿意度，即得要求各量販店加強服務，或協助進行員工的教育等工作。

再由量販店的角度來看，要增加銷售量也必須提高顧客的滿意度，這一點與製造廠商是同樣的，因此，在調查顧客滿意度時，最好與流通過程一起考慮。

另外，流通過程中還有一個問題，再以前面所舉的家電產品為例。不論連鎖店或量販店，由製造廠商的角度來看，整個流通過程也是一種顧客。滿足最終使用者的要求固然重要，這種中間階段的流通過程也不可忽視。有時，除了使用者的滿意度之外，流通過程的滿意度也要一併調查和檢討。

■公司內部也有「顧客」

很多公司以「顧客至上」、「顧客第一」作為經營的準則，幹部們也不斷強調它的重要。這種公司的員工們，自然而然養成了隨時思考顧客需求的習慣。

但是這樣的公司，部門之間的隔閡卻意外地顯著。員工們行動時，常僅考慮自己部門的方便，而未思考其他部門的期望或狀況。他們的注意力完全向外，對「公司的顧客」非常敏感，但是對公司內部「部門的顧客」卻完全沒有放在眼裡，形成在公司裡唯我獨尊的情形。

在公司裡，整個經營活動中，延續自己部門工作的其他流程對自己部門而言，可以說就是一種「部門的顧客」。員工們在工作上僅考慮公司的顧客，卻忽略其他部門的話，是否能夠開發出真正滿足顧客需求的產品或服務，頗令人懷疑。

這一點意味著 CS 經營的顧客對象，並非僅限於使用自己公司產品或服務的人，公司內部也有「顧客」存在。由於這兩種顧客性質完全不同，因此滿意度的測定方法也有很大的差異，但是應視為調查對象卻是不容否定的。

■顧客以外領域的處理

有一個非常喜歡唱卡拉 OK 的人，不霸占麥克風無法滿足，最後終於自己買了一套豪華的卡拉 OK 設備，放在家中來滿足自己的欲望，但是沒想到在家裡卻反而無法唱歌。原因是家裡的設備遠比一般店裡的要好，本可盡情享受歌唱的樂趣，但是因為鄰居抗議，只得將昂貴的設備束之高閣。

這個例子顯示，顧客對卡拉 OK 設備本身的滿意度無庸置疑，但是製造廠商卻不能就此感到滿足。因為，若以使用者作為顧客的定義，滿意度的確很高，但是製造廠商最好將視野放遠一些，不妨將整個社會當作顧客。

以前，製造廠商單純地將使用者視為顧客，或許沒有任何疑問，但是今天產品對社會的影響已非昔日能夠比擬，如果視野不隨之擴大，產品的開發必然會發生不周之處。因此，在調查顧客滿意度時，也應將整個社會的反應考慮進去。

過去在公共場所聽電晶體收音機，會對其他人造成妨礙，於是製造廠商競相改進，開發出聲音不會外洩的隨身聽，並普及至全世界，這可以說是以整個社會為顧客，提高滿意度的最好例子。此外，汽車廠商除了馬力與速度的競爭之外，同時致力開發排氣量少和故障率低的產品，也是相似的情形。

在控制理論中，「部分最適」未必能成為「全體最適」，因此在考慮最適化時，兩方面應同時兼顧。上面的例子中，使用者的滿意度是部分最適，整個社會的滿意度則是全體最適。雖然不是每一種產品都要追求全體最適，但是提供對社會具有影響力的產品或服務的公司，就必須隨時注意這一點（圖 5.3）。

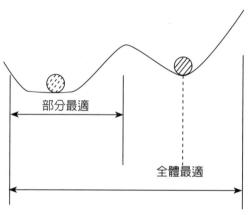

圖 5.3　部分最適與全體最適

■顧客的定義

由上面所述的內容可以了解，在實施 CS 經營活動時，對於顧客有各種不同的定義，因此先決定誰是 CS 經營上的顧客是非常重要的。至於決定的工作則與決定公司未來 CS 經營的概念是相通的。

即使是同業之間，對於顧客的考慮重點也可能因各公司經營方針的不同而出現很大的差異，當然提高顧客滿意度的戰略和方法也各不相同。這種戰略和方法上的差異，最後即表現在各公司的業績上，甚至可以說顧客的定義常左右公司的業績，而且是公司推動 CS 經營革新時的一種戰略（圖 5.4）。

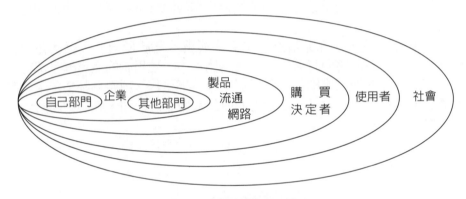

圖 5.4 　顧客範圍的擴大

· 小提醒

> 顧客是企業的衣食父母，要充分瞭解顧客的需求，滿足顧客的需求，松下幸之助說：「視產品為女兒，視顧客為親家」，保持良好關係非常重要。

Note

5-3 滿意度調查方法

依上一節所述的方式給予顧客定義之後,接下來就是決定滿意度的測定方法。基本上以前面所提到的問卷調查為主,但是依測定目的和顧客定義的不同,可以分成以下幾種方法。

■知道誰是顧客

公司銷售產品時能否知道誰是顧客,滿意度的調查方法也隨之而異。所謂能夠知道顧客,是指能夠確實掌握客戶的姓名和住址,例如生產財的製造廠商,明確了解向自己購買產品的公司,以及承辦人員是誰。當然不限於生產財,消費財製造廠商和服務業也是一樣。

銀行或信用卡發行公司,將所有顧客都確實地建檔管理,航空公司銷售機票需了解購票者的姓名等,都可說是知道誰是顧客的例子。

能夠知道顧客,亦即能夠具體掌握顧客資料時的調查方法比較單純,只要直接詢問顧客即可。這時多半使用印刷好問題和答案的問卷進行問卷調查。

知道誰是顧客時:使用問卷進行問卷調查

但是像外食產業或日用品製造廠商等,無法掌握特定顧客,或難以掌握顧客的確實資料,調查起來就此較困難了。這種情形因為無法事先將顧客特定化,在測定滿意度時就必須格外下功夫,它的方法將在後面說明。

■能確定顧客時與其他公司的比較

能確定顧客的情形下,透過問卷調查即可測定顧客的滿意度,但是所能夠掌握的只有顧客對自己公司的滿意度。例如自己公司的主要顧客,同時也使用其他公司的產品或服務時,透過問卷調查,雖然可以了解一部分顧客對其他公司的滿意度,但一般而言,這些顧客對其他公司的滿意度通常都較低,若直接拿來與自己公司做比較是很危險的。因此這時能夠真正掌握的,僅限於對自己公司產品或服務的滿意度。

當然,想與其他公司比較是人之常情,而且不與其他公司比較也無法獲得一個基準,來衡量顧客對自己公司的滿意度到底是高還是低。這時需要一些特別的方法。

例如設法取得其他公司的顧客資料，然後以這些人為對象進行調查。但這種方法並不是正規的途徑。最好是有意進行比較的公司相互公布顧客資料，並將調查結果公開。不過，基於商業機密，絕大多數的公司希望獲得其他同業的資料，卻不願意自己的資料曝光，因此後者要實現可說非常困難。

■利用樣本測定不確定顧客的滿意度

以下再來介紹不確定的顧客，亦即沒有顧客資料時的調查方法。在這種情形下，利用大量樣本來調查，是測定滿意度常用的方法之一。

沒有顧客資料的情形以消費品居多，因此由公司的角度看不見顧客，但是由顧客的角度，卻可以看見幾乎所有的人都以某形態，在利用某一公司的產品或服務。這時，可隨機選取大量樣本（一般人），請他們回答對利用過的公司的滿意程度。

不過，當一個企業單獨使用此方法來進行調查時，如果所選擇的人都曾使用過它的產品或服務當然沒有問題，但事實上未必所有的人都是如此。這樣的話，就無法從這些人獲得對自己公司滿意度的資料。若是一般性而且普及率高的產品或服務，造成白費力氣的機會不大，但是普及率不高的產品或服務，調查效率就可能相當低落。所以採用這個方法前，對這一點必須先充分考慮。

由此可知，單一企業獨自進行時，它可說不是一種有效率的方法。但是如果由多數企業聯合進行調查，效率不高的問題即可獲得大幅改善。雖然有效率的問題存在，但相反的，它也有一個很大的優點，就是以廣泛的大眾為調查對象，因此可以蒐集到不同公司的顧客資料。

也就是說，不需要採取特別的手段，也不需要刻意蒐集其他公司的顧客資料，即可輕易掌握其他公司的滿意度，並與自己公司進行比較。所以，在決定是否採取此方法前，最好先將上述優缺點和利害得失的關係做詳細的分析。

■利用調查員檢查服務的品質

日本有一本雜誌「生活手帖」，每一期選擇家庭中經常使用的用品，根據使用者實際使用後的感想，來評定各公司產品的優劣，並觀察它們的功能、便利性、耐久性、性能等是否與廣告一致。由於評價客觀而公正，因此不少家庭主婦是它的忠實讀者。這本雜誌並未刊登廣告，完全以訂閱和零售支應開支，因此能確保它的公正性。

另一個測定滿意度的方法，就是「生活手帖」的方式。也就是將服務的

內容統一化，而客觀的評價基準必須由經過訓練的專門調查員，來檢定對象公司的服務品質。這時，調查人員必須站在與一般人相同的立場，才能使公司在正常的狀態下調查。

至於檢查項目，通常根據公司既有的手冊等來設定具體內容，然後視實施程度來評價，例如：

「是否看著顧客的眼睛打招呼？」

「應對是否得體？」

「是否配合顧客的語調？」

這種調查可說是先設定顧客認為滿意的對應方式，再根據員工實際實施的程度，間接地測定顧客的滿意度。由這一點，嚴格來說它不能稱為顧客滿意度的測定，但是，在顧客特定化困難，以及前面所述大量取樣效果不佳時，倒不失為一種有效的方法。

採取這種調查，事前對調查員的教育非常重要，而且，為了使事後的改善能順利進行，僅可告知現場員工有這樣的調查，但不可指出明確的時間。

■由潛在使用者所實施的滿意度調查

前項中所述的調查，由於擔任評定工作者都是經過訓練，而且對各個公司的服務有充分經驗的人擔任，因此有人擔心他們與實際使用者的感覺有相當的隔閡。站在想直接而且確實了解顧客滿意度的立場，這種顧慮可說理所當然。在此情形下，利用「潛在性使用者」來測定滿意度的折衷方案乃應運而生。

例如測定某公司的服務滿意度時，配合該公司顧客的年齡層結構，從一般人（非調查員）中選出廿一至三十歲三人、三十一歲至四十歲六人，四十一歲以上五人，然後讓他們實際接受該公司的服務，再根據實際體驗的感覺，站在顧客的立場來評價服務的好壞。

要使調查結果接近實際的顧客滿意度，調查的人數必須儘可能增加，但是在實施上有其限度，因此，不妨配合公司顧客的結構（如年齡、性別、職業等），選擇屬性最接近的調查人員來實施。可說是顧客無法特定化時的有效方法。

總之，無法看見顧客時的滿意度調查，可歸納為以下三個典型的方法：

無法確定顧客時：

利用大量樣本進行問卷調查

由專門調查員檢查服務品質

由疑似性使用者進行滿意度調查

Note

5-4 顧客滿意結構的設定

■以顧客接觸點爲對象

調查顧客滿意度之後，在分析獲得的資料時，除了知道顧客是否滿意外，還應了解滿意或不滿意的原因。因爲能夠了解原因的話，即使現在滿意度不高，今後只要對症下藥，依然能超越其他公司。所以在設計問卷時，就應正確把握影響滿意度的因素，並將它們轉變成問卷的問題。

那麼，影響滿意度最重要的因素是什麼呢？那就是第 2 章和第 3 章中曾提到的顧客的接觸點。

具體地說，窗口的應對、電話的詢問、促銷活動等都是與顧客的接觸點。另外，顧客所購買的產品本身、設施與設備的舒適性、公司的氣氛等也是重要的接觸點。每一個接觸點的好壞，都可決定顧客對這家公司產品或服務的滿意度（圖 5.5）。

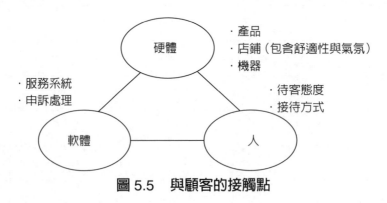

圖 5.5　與顧客的接觸點

在設計問卷之際，即必須將這些具體的接觸點，與實際的業務相對照，然後做成問題。

■詢問員工和顧客

要知道與顧客之間有哪些具體的接觸點，亦有必要詳細詢問公司內實際與顧客接觸的員工，以了解營業人員如何與顧客接觸、售後服務人員如何與顧客應對等等，這時常會發現營業人員，在各種意想不到的場合都可能與顧客接觸。其次，也可以詢問曾實際與公司員工接觸過的客戶。

有一家公司在測定顧客滿意度時曾發生以下的情形。有一位顧客表示：「貴公司的營業人員經常來拜訪，但是卻從未提供我們所需的資訊或建

議，徒然浪費我們的時間而已。」這家公司平時指示營業人員經常拜訪客戶，這位客戶所說的營業人員的確忠實地執行著公司的命令，但是不僅沒有提高滿意度，反而造成反效果。

在這種情形下，公司就必須調查營業人員是否提供了顧客所需的資訊，並透過問卷中的問題確實地了解。類似的例子不勝枚舉，同時也顯示了訪問顧客的重要性。

詢問顧客時還有一點不可疏忽的，就是除了了解與顧客之間的接觸點外，還要稍微改變角度，去發掘問題點和可疑點，或許可以由此發現許多意想不到的事實。

■依服務的流程整理問卷

訪問顧客之後，要再一次確認是否所有的顧客接觸點都已網羅，只要依顧客實際接受服務的流程，將接觸點一一陳列出來即可。以郊外型家庭式餐廳為例，服務流程可以排列如下：

①一面駕車一面找尋中意的餐廳
②車子駛入停車場
③進入餐廳，由服務生帶入座位
④點餐
⑤在寧靜的氣氛中進餐
⑥小孩上洗手間
⑦結帳
⑧將車駛出停車場

然後循著這個流程整理出具體的接觸點。這是服務業的例子，其實製造業在基本上完全相同。二者最大的差異就是因為有產品存在，因此購買和售後服務也納入服務的流程之中。製造業的服務流程大略可以分成以下二部分：

①事前
②促銷
③事後

不論服務業或製造業，通常都依這種流程來設計問卷。為了儘可能減輕回答者的負擔，項目最好以一百項左右為限。

5-5 滿意度測定的實施

■追求統計的正確性

有一家餐廳為了測定顧客滿意度，在員工比較空閒的午餐時間，分發問卷表進行調查。這種調查結果是否正確？真的能顯示顧客對這家餐廳的滿意度嗎？另外，一家航空公司若是以持有該公司貴賓卡的顧客為對象進行問卷調查，來測定所有顧客的滿意度，會得到什麼樣的結果呢？

這兩家公司的調查結果，大概都無法掌握所有顧客的滿意度，充其量只能了解其中一部分的滿意程度而已。例如前者只能獲得空閒時間時顧客的滿意度，後者則僅調查到擁有公司貴賓卡的較重要顧客的滿意度。

也就是說，前者的調查結果並未包括繁忙和假日時的顧客滿意度，後者則沒有包括未持有貴賓卡，僅偶爾利用的顧客（事實上這種顧客所占的比例可能更多），所以調查結果並不能稱之為公司所有顧客的滿意度。

由這個例子可以知道，要進行問卷調查以測定實際的顧客滿意度，在選擇調查對象時，應廣泛地涵蓋各種屬性的顧客。這時最好先準備所有顧客的資料，然後從其中任意選出。但若要追求更高的正確性，則應採取更精細的方法，將顧客依年齡別或利用的頻度（例如銀行的存款餘額、信用卡的每月平均消費額等）來分類，再依屬性的結構任意選出一定比例的顧客來調查。不論如何，在選擇調查對象之際，應盡可能隨機取樣。

■提高回收率

日前作者曾在一家外商銀行開立外幣存款帳戶。當時櫃檯的女職員態度非常親切，詳細說明匯率變動的利益與損失、目前的外匯市場的狀況、手續等，令人感到相當滿意。

數個月之後，收到銀行寄來的問卷調查表，內容是調查新開戶時對櫃檯職員應對的滿意度。這時正值日幣大幅升值，存款換算成日幣後縮水不少，使得心情頗受影響，但想到開戶時職員的服務良好，因此按捺住不滿的情緒，將問卷填好後寄回銀行。

如果開戶當時對銀行職員的印象惡劣，加上匯率造成的損失，調查表大概難逃進入垃圾桶的命運。假設採取這種行動的人很多，那麼回收的資料會出現什麼樣的結果呢？

如果只有滿意度較高的人寄回問卷，結果顯示的滿意度當然比較高。但是否能因為滿意度高而感到安心了呢？其實未必。因為背後還有不少抱著不滿心情，而未寄回問卷的人。

要清除這種顧慮，唯有提高問卷的回收率。回收率高的話，答案是否偏向某方面即可一目了然。關於這一點，郵寄的調查應該特別注意。因爲郵寄的調查中，問卷是否寄回完全取決於回答者，通常很難期待有高的回收率。因此，利用郵寄的問卷調查要提高回收率，即必須採取一些措施。以下幾點值得參考：

①明確說明調查的目的，同時強調寄回問卷有助於改善服務的品質，對回答者本身有利。

②問卷的內容不可過多，以免回答者感到厭煩。內容固然應盡可能詳盡，但也必須爲回答者設想，最好以三十分鐘內能夠答完爲限。

③以禮品對回答者表示謝意，但價值無需太高。

若能注意到這幾點，相信回收率必可提高。如果回收率依然不理想，即應將所有顧客與回答者的年齡結構做一比較，觀察是否答案有集中現象，然後再判斷調查結果。

■根據分析單位決定樣本數

利用抽樣調查時，有些人非常注意樣本數的多寡。取一個較極端的例子，例如一家公司見其他公司蒐集二千人的資料進行分析，於是投下更多的人力，蒐集兩倍以上的資料，以求達到更高的精確度。

事實上，這種作法在統計學上毫無意義。四千人的資料與二千人相比，並不能達到兩倍的精確度，甚至可說效果相差無幾。因此只要能確保相當程度的樣本數即可，無需過度在意數量的多寡。不如像前面所述的一般，將力量放在回收率的提高，以及注意調查對象的選擇與代表性。

如果調查對象不夠平均，不論蒐集到多少樣本數，其結果都不足以反映全體顧客真正的滿意度。反之，若因爲樣本數眾多而感到滿足，輕易相信調查的結果，數量多反而可能成爲一種負面因素。總之，樣本的數量應根據實際需要而定。

決定調查的規模（樣本數）之前，必須先檢討需要什麼樣的分析。也就是說，樣本數並非越多越好，應依必要的分析單位數（例如公司將全國分成五個營業地區，這五個地區就是分析的基本單位），來設定各單位必要的樣本數，最後再合計出全體的樣本數量。

■郵寄或當面訪問

問卷調查的方法，主要將問卷表郵寄給調查對象，待填好後再寄回的「郵寄法」，以及由調查人員親持問卷訪問調查對象，當面以問答方式進行的「當面訪問法」兩種。

　　後者只要獲得回答者的同意，即可當場填入答案，回收率自然比較高，通常可以達到 70 至 80%，其餘 20 至 30% 包括受訪者不在、遷居、拒絕等情形。若要提高回收率和精確度，可以採取這種當面訪問的方式，但它的缺點是成本較高。由於調查人員必須一一找尋特定的調查對象，因此需要相當的勞力，當然費用也非常可觀。在日本，一張問卷的調查成本大約五千至七千日圓左右。

　　由於成本高昂，因此很多公司為了節省經費，寧可選擇回收率稍低的郵寄法。這種方法僅需要往返的郵費而已（正確地說包括郵費、信封成本、書寫信封的人力等），以較少的預算即可實施。即使加上表示感謝的小禮物，每一張調查問卷的費用大約八百至一千日圓，不到當面訪問法的五分之一。

　　到底要採取哪一種方法，不妨考慮精確度的需要，以及公司的調查預算，同時衡量兩者的利弊得失後再決定。

■活用外界機構以確保客觀性

　　進行顧客滿意度調查時，必須特別注意的是，只能作為檢討自己公司服務內容（包含製品在內）的手段，而不可以用來促銷。如果根據回收資料，立即寄上 DM，反而會導致滿意度降低。

　　尤其是採取記名式的調查，很多人接到問卷時常會擔心問卷寄回去之後，業務人員或 DM 也將接踵而至。為了消除受調查者的顧慮，可以委託外界與自己公司無關係的機構進行，並在問卷上註明。

　　活用外界的機構還有一個優點，就是能增加對公司內的說服力。因為外界的機構會毫無隱瞞地報告所有結果，公司內的員工也可以產生安心感和信賴感。對於調查結果，公司上下可立即針對缺失採取改善的行動。

　　這種調查結果也是公司決定未來目標的基礎，以及提高滿意度的行動依據。由這兩點的重要性來考慮，活用外界機構以確保資料的客觀性實有其必要性。

Note

5-6 滿意度的解析

■依顧客屬性而異的滿意度

單由調查的樣本中滿意者所占的比例，未必能正確看出公司顧客中滿意者的比例。例如公司產品或服務接觸頻度非常高的顧客，因為對產品或服務滿意所以經常使用，他們的滿意度必然比其他人要高。相對的，僅偶爾使用的顧客滿意度即可能比較低。而且，依產品或服務的性質，各年齡層的滿意度也會有相當大的差異。

在這種狀態之下，要了解自己公司的顧客，滿意的人占百分之幾，單由調查的樣本來看是不夠的。因為，樣本中若使用頻度高的顧客占多數，滿意度即可隨之提高，反之，僅偶爾使用的顧客占多數，就可能得到相反的結果。總之，僅根據調查結果，是無法直接掌握正確滿意度的。

因此，進行滿意度調查時應儘可能區分樣本的屬性，以分別掌握不同屬性顧客的滿意度，另外，還要了解各種屬性在全體顧客中的比例結構，再根據比例算出個別的此重，以掌握平均的滿意度。這樣的話，所有顧客中滿意的人到底占百分之幾，即可一目了然。計算時，可以利用以下的公式：

（顧客的滿意度）＝（屬性 1 的比例）×（屬性 1 顧客的滿意度）+（屬性 2 的比例）×（屬性 2 顧客的滿意度）+ ……　　　（圖 5.6）

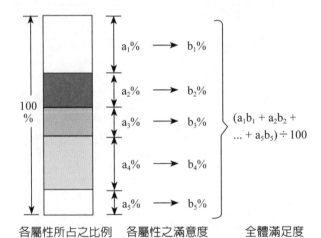

圖 5.6　綜合分析顧客滿意度

　　當然，要了解各屬性（例如利用頻度、性別、年齡等）顧客的比重，先決條件是必須預先掌握各屬性，在全體顧客中的比例等資料，然後即可推算出全體的滿意度。

■「非常滿意」與「滿意」的不同

　　測定滿意度時，通常將滿意的程度分成若干階段，讓接受調查者選擇最適合的答案。供選擇的答案不論分成五個也好，七個也好，最重要的是顧客是否眞的感到滿意。

　　有一個公司認爲「非常滿意」的分量達「滿意」的三倍，因此極爲重視「非常滿意」的比例，並以所有顧客都達到「非常滿意」爲目標。的確，由不少的例子可以證明，對某家公司的產品或服務感到「非常滿意」的人，下一次還會繼續利用這家公司的比例相當高。相反的，回答「滿意」的人再利用的機會雖然比不滿意的人要高，但是幅度並不明顯。由此來看，重視「非常滿意」的比例是有其道理的（圖5.7）。

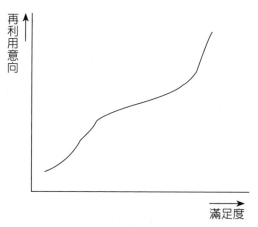

圖 5.7　滿意度與再利用意向之關係

　　不過，可能因爲東方人比較含蓄，不願直接表示鮮明的意念。因此，不少人即使心裡感覺「非常滿意」，但是接受調查時卻將層次降低一級而回答「滿意」。基於這種現象，認爲仔細區別這二者並沒有太大意義的想法，似乎也可以成立。

　　關於這一點，到目前爲止仍無明確的解答，如何定義大多依公司的政策而定。總之，將目標置於較高的層次，然後整個公司上下一體，朝向目標而努力才是最重要的。

同樣的，不少公司將「稍微滿意」也歸入「滿意」的範疇之內。這樣一來，「滿意」的人比例必將大幅提高，公司若因此而感到安心是非常危險的。因為，回答「稍微滿意」的人極可能因為一些小事而轉變為「不滿意」。所以，在判斷顧客到底是否滿意時，應盡可能採取較嚴格的標準。

■能帶來滿意的顧客接觸點為何？

顧客滿意度的測定，不單是了解顧客對公司的產品或服務是否滿意，同時，藉此分析與滿意度關係密切的顧客接觸點，也是非常重要的，因為分析的結果可作為其後提高滿意度的參考。因此，測定滿意度時應從所獲得的資料中，探索顧客滿意度，與顧客接觸點之間的關係。

假設整體上感到滿意的人，對某一具體的接觸點（例如禮貌地招呼、迅速地處理顧客的要求等）全部都能滿意。相反的，整體上不滿意的人則全部對該具體接觸點感到不滿，那麼即可了解這個接觸點，在使顧客滿意或不滿上，有非常密切的關係。根據此原理，將可抽出與滿意度關係密切的接觸點。

這種分析可以利用數學上的一種回歸分析來進行，根據分析的結果，所有具體的接觸點與滿意度之間的關係都可一目了然。關係的深度，在數學上以回歸係數來表示，以下是計算的方程式：

（滿意度）＝（關係的深度）×（顧客的具體接觸點 1）＋（關係的深度）×
　　　　　（顧客的具體接觸點 2）＋……

■重要但無法獲得顧客滿意的接觸點

了解各個接觸點與整個滿意度之間的關係後，由於顧客對各接觸點的評價都已明白，即可將滿意度關係的深淺與現狀的評價做一比較。

例如在分析中了解請求售後服務的電話是否好打，強烈影響著整個滿意度。另外，經由問卷調查也直接明白了目前電話是否容易接通。這樣的話，就可以像圖 5.8 般將兩者做一比較。表中各個位置的項目分別具有以下的意義：

①**優等項目**：對滿意度的影響強烈，而且現狀評價亦高的項目。
　今後也可望維持高評價。

②**問題項目**：對滿意度的影響雖然強烈，但是現狀評價不高的項目。
　今後可望成為改善重點。

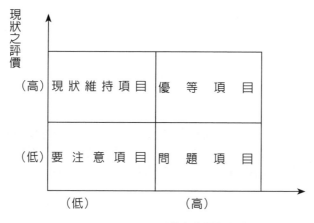

圖 5.8　顧客接觸點之位置關係

③**應注意項目**：對滿意度的影響不太強烈，現狀評價也不高的項目。
評價特別低的項目有改善必要。

④**現狀維持項目**：對滿意度的影響不太強烈，但現狀評價很高的項目。
至少可維持現狀。

根據問卷調查的資料，可以像附圖般爲所有具體接觸點定位，同時也可以明瞭各個接觸點在提高顧客滿意度上的重要程度。這樣才能找出今後必須進行重點改善的項目。

■滿意度革新戰略上經費與效果的比較

即使了解了提高滿意度的改善重點，但如果在改善方面需要投下龐大的費用，而改善行動卻無法擴大業績的話，這種投資並沒有必要。由經營的觀點來看，投資之後當然要獲得相對的效果，才值得行動。因此，在投資之前必須先計算相對於經費的效果。利用上述的分析結果即可算出。

現在以接受電話訂購後三十分鐘內送達的披薩業爲例來說明。

訂購的電話是否容易打通是影響滿意度的重要項目。某一家業者如果所有的電話都接聽的話，可能無法在三十分鐘內送達，因此忙碌的時候即拒接電話，但是當它知道這種作法會嚴重影響顧客滿意度，於是任何一通電話都不錯過，而且儘可能保持電話暢通。

要做到這種程度，勢必得增加電話線路，增設烤披薩的設備，並擴增人手。這樣當然需要增加設備投資和營運資金，但金額若干很容易即可估算出來。

　　訂購電話容易打通所帶來的滿意度提升，根據前面提到的方程式，立即可以算出。其次，由滿意度與再利用意向的關係，也可以概略推算出業績的增加幅度。

　　將投資與效果做一比較，就可以判斷是否值得投資，最後再據以檢討改善行動是否實施。

　　不過，這個指標只是以顧客滿意度為基礎所做的分析，事實上，還需考慮各種改善方案的效果、企業形象的提升、潛在顧客開發能力的增強等。所以投資回收率通常還要考慮各種效果，然後做最後的判斷。總之，過去常依賴靈感與經驗所做的決策，未來將以顧客的滿意度為基礎，以科學的方式來決定。

・小提醒

　　顧客滿意度調查是用來測量一個機構在滿足顧客購買產品／服務的期望方面所達到的程度，以找出與顧客滿意或滿意直接有關的關鍵因素。

第6章
製造業事例1：豐田汽車
——以CS世界之龍頭為指標

6-1 以全世界CS最好之公司自許

■引進 CS 經營的三個背景

豐田汽車公司於 1989 年 1 月成立以「CS 提升委員會」為名的新組織，正式地引進 CS 經營。該公司在汽車業界享有壓倒性的市場占有率，這次更是超前掌握顧客的需求變化與經營環境的變化，領先別人一步引進了 CS 經營。

引進 CS 經營的三大背景包括：

①因應顧客的需求變化

以前顧客選擇車子的價值尺度是以品質為依據，但最近則超越此依據，改變為以個人的好惡做感性式的選擇。因此，如未能對此價值尺度確實加以掌握，想要生產一部顧客會感到滿意的車子，勢必不可能。

②因應企業社會責任日益升高的趨勢

近來，企業對社會責任的意識高漲，在安全與環境問題方面，除了要顧慮到實際購買車子的顧客之外，還須考慮整個社會的人士，積極從事相關的配合活動。

③轉換以成本、收益為主要考慮的觀念

企業之間的競爭變得激烈之後，企業很容易只顧眼前之事，喪失了挑戰的精神。因此經營需要用長期的眼光來考慮事物，站在長期性的視野上，積極果決地展開經營。

以上所敘述的是引進 CS 經營的三個較大的背景因素，而目前所面臨的問題是日益成熟之汽車業界彼此之間的銷售競爭的激烈化。想要改善車子本身的品質、修理與整備等售後服務、銷售服務等來提供顧客更高的滿意，使顧客成為宣傳代言者，除了引進 CS 經營之外，則無他法。豐田汽車從相當早之前就已有顧客優先的觀念，以此進行其經營，但是為了更積極推行，乃於 1989 年 1 月成立新的組織，正式地引進 CS 經營。

■設置以社長為主任委員的「CS 提升委員會」

「CS 提升委員會」是為了推動 CS 經營而成立的新組織，這個組織特別值得一提的是它是由豐田章一郎社長親自擔任主任委員。在豐田汽車公司裡，一些以專案計畫方式運作的委員會，通常由專務、常務級人員擔任其主任委員，此次由社長親自擔任主任委員，就該公司而言係屬破天荒之事。僅就此點我們也不難看出該公司是如何決心地想去做好 CS 經營。同時，在成立「CS 提升委員會」之初，它便以「取得世界 CS 經營之寶座」

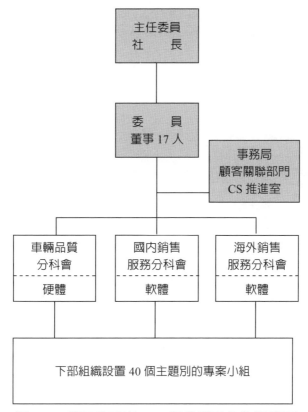

圖 6.1 豐田汽車的 CS 提升委員會的組織圖

爲其目標。除了要讓國內的顧客獲得滿意之外，其他世界各地的顧客也要設法使其獲得滿意，讓豐田成爲世界顧客滿意度最高的企業。

「CS 提升委員會」在主任委員之下由 17 位幹部組成委員，針對如何提升 CS，審議、決定各種事項。在具體的 CS 活動組織方面還有「車輛品質分科會」，負責從硬體方面去追求 CS。本分科會的目的是藉由提高車子的品質去提高顧客的滿意度。

「國內銷售服務分科會」與「海外銷售服務分科會」則負責從軟體方面去追求顧客滿意的組織。本分科會的目的是設法從車子的整備與修理等售後服務、銷售店的態度、對待顧客之方法等等方面去提升水準，以達到提高顧客的滿意度。

　　另外，在此三個分科會之下，還有 40 個依主題分類的計畫小組為其下部組織來展開活動。事務局則是由設置於顧客相關部門內的「CS 推進室」承擔負責。像這樣地，豐田汽車公司在社長帶頭指揮之下，落實各項提升 CS 的組織，展開了它的 CS 經營。

・小提醒

　　設置以社長為委員長的「CS 提升委員會」，以全世界顧客滿意度最高之企業為目標，展開 CS 經營。

Note

6-2 實施70萬份的顧客滿意度調查

■定期進行顧客的滿意度調查以蒐集顧客意見

在引進 CS 經營之前的經營，雖然也是號稱顧客第一，但一切的活動都是建立在「這樣做的話，顧客應該會高興」的觀念上。但是，企業的想法與顧客的想法逐漸產生差距，引進 CS 經營之後，首要之務便是「認真傾聽顧客之聲音」，徹底地蒐集顧客的意見。以下是二種定期性的作法，即：

①每年進行一次顧客滿意度調查

每年固定一次從顧客中抽樣選出調查對象，針對豐田汽車的商品及服務進行顧客的滿意度調查。這種問卷式的調查以郵寄方式進行，調查件數高達 70 萬份之多，回收率約為 40% 左右。

②新車購入三個月與三年後的顧客滿意度調查

除了每年固定一次的調查之外，它還以買進新車三個月與三年的顧客為對象，針對買主對該時點的汽車品質的滿意度進行調查。像這樣大規模的問卷調查，對汽車業界而言可說是前所未見。以 1990 年度來說，共計發出 62 萬份調查，回收了 24 萬份。這項調查再加上每年例行舉行的調查，總數可說相當的龐大，光是國內問卷調查的費用，每年就高達 5 億日幣之多。

藉由這些調查除了可以了解顧客的滿意度狀況之外，還可因此蒐集到一些過去未曾浮出檯面的潛在意見，這些對改善商品與服務而言，都是極為寶貴的資料。雨刷所發出的咻咻聲音的改善，便是一個很好的例子。在 CS 調查中，很多顧客都反映「希望改善雨刷使用時的聲音」，因此公司針對這方面進行原因調查，結果發現在下小雨的時候，刮水器因共振而產生咻咻聲，明白原因之後，公司便迅速改變橡皮的切面形狀等，成功地消除了雜音。

■利用「顧客諮詢專線」蒐集顧客的意見

定期性的 CS 調查的好處是可以依據時間的進展，掌握顧客的滿意度，但是顧客的汽車生活（Car life）是連續的，並不限定什麼時候在什麼地方一定會發生什麼樣的問題，因此只好隨時去探詢顧客的意見、聲音，為此特於全國的各經銷商設置了「顧客諮詢專線」，以此為管道蒐集顧客的反映。

這是一支免費的服務專線，顧客可以透過專線反映他們的意見、抱怨與

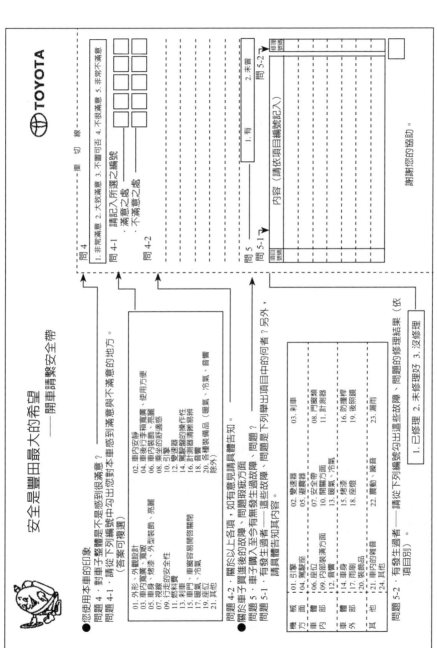

圖 6.2　豐田汽車的問卷調查卷

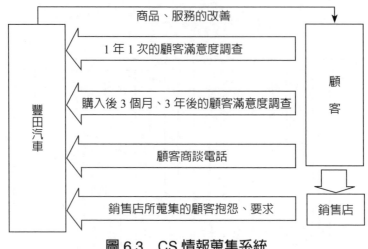

圖 6.3　CS 情報蒐集系統

需求，因此受理的件數每年不斷遞增，以 1990 年度爲例，全國各地的受理件合計數是 21 萬 4 千件。在這些打進來的電話當中常包含許多對提升 CS 有益的寶貴意見，公司根據這些資料充分進行檢討，提供給下次的生產及服務進行改善。

在打來的電話當中，公司對容易動感情、激動的一群顧客的意見尤其重視。因爲他們之所以會比較激動，正是因爲他們很直接地在表達自己的感受，而這常常是最眞切的內心話。因此，對於這些直接訴諸感情的顧客，公司方面除了以冷靜的態度、方式去回應之外，更留心好好地去掌握這些眞實的情報。

另一方面，由於打電話進來的顧客是這麼地多，所以電話上的應對方式也是提升 CS 的重要要素。電話應對得當的話，顧客會感覺很愉快，這有助於提升公司的形象。另外，即使是申訴的顧客，如果能親切地應對，再加上後續的妥善回應處理，不但可平息其不滿，有時反而更能因此使其獲得滿意。雖然只是一通電話的應對，但所帶給顧客的結果卻可能大不相同。

因爲這個緣故，公司在電話應對人員的教育上非常地用心，企求提升他們的水準。1990 年起開始舉辦的「諮詢電話觀摩演出」，就是爲提升人員水準而舉行的活動。全國分爲八區，各地先舉行預賽，最後再舉行全國大會，選出優秀的諮詢人員加以表揚。

■從經銷商蒐集顧客的意見、反映

豐田汽車利用以上三個方法探詢顧客的心聲，並以其為提升CS的寶貴資料，另外還有一種則是間接傳來的情報。那就是請經銷店提供顧客對他們所提出的意見。

經銷店與顧客之間的接觸其實比公司更頻繁與直接，因此在這裡常可聽到顧客的許多意見。所以公司便請經銷店配合提供在顧客反映中較重要的項目，以此作為提升CS的資料。

像這樣地，公司利用種種直接與間接的方法蒐集顧客的心聲，活用這些作為提高CS的資料。

・小提醒

　利用每年一次的 CS 調查，新車購入後三個月、三年後的調查，顧客諮詢專線電話等蒐集顧客的意見。

6-3 提高顧客滿意度的努力

■舉辦「世界 CS 大會」

透過定期舉行的 CS 調查及顧客諮詢專線所得到的顧客意見，在經過審慎的檢討後，活用於下一次的商品開發及服務戰略。另外，為了提高 CS 的實行度，公司還將成功事例的情報做水平的展開。

例如某家經銷店有顯著成功例子的話，公司會對其他的經銷店介紹說「某某經銷店因為如何如何做，所以有這樣的成果」。這麼一來，其他的經銷店也會迅速將此事例活用在自己店裡，努力提高自己的 CS 水準。如此一來，一個成功的事例會逐漸擴大開來，CS 也隨著擴大。

成功事例的水平展開，不止於國內，它也向海外擴展出去。1991 年 10

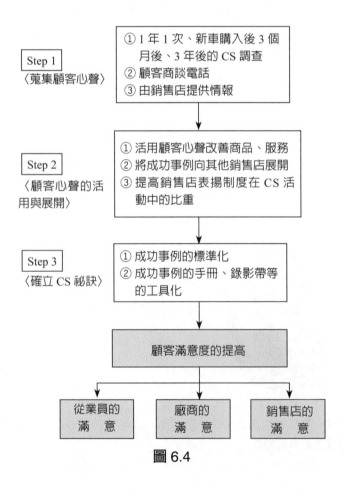

圖 6.4

月所舉行的「世界CS大會」便是其具體的活動。它在千葉縣的大飯店集合了世界70個國家的經銷代理店的代表，讓他們發表各自的成功例子，彼此交換經驗與技術。在QC界曾經見過這類的世界性大會，但在CS界這是首創之舉。豐田汽車以世界CS之最爲自許，而這場世界大會也可以稱得上是CS的領航大會。

豐田汽車爲提高CS實行度，它的另一項作法是提高CS活動在經銷店表揚制度中所占的比例。豐田汽車每年會利用銷售台數及市場占有率等等不同項目，對全國的經銷店進行一次評價並進行表揚。後來它提高CS活動在這些評價項目中所占之比例，利用這種方式迫使各經銷店不得不去進行CS。

因爲這些作法使得CS逐漸出現成果，其中以由美國J.D. Power公司在1991年度對汽車業界的轎車部門所做的排行榜中，它與日產汽車同居第一名這項成果最爲豐碩，也最爲社會認同。豐田汽車在開始其CS經營之時所提出之目標，在三年之間就被實現了。

國內、外的這些寶貴的成功經驗，豐田汽車進一步將其技術標準化，製成手冊或錄影帶，當作日後活用的工具。這些技術不但一項一項地累積下來，同時有效地活用於CS的提升。

豐田汽車目標中的CS經營，不僅止於顧客的滿意，它還要實現「工作人員的滿意」、「廠商的滿意」與「經銷店的滿意」。也就是說藉由不斷地改善商品、服務，讓顧客感到歡喜，進而從業人員、廠商及經銷店的人員也從中去體會這份喜悅，這種境界是豐田汽車最後追求的目標。如果是犧牲了從業人員、廠商與經銷店去完成顧客的滿意，那只能算是旁門左道，唯有所有的人都共同體會這些喜悅，才是眞正的CS經營。

■「CS提升活動」的展開

想要提高CS，讓所有人員感同身受地去體會顧客的喜悅，最重要的工作莫過於去培養從業人員的CS精神。因此，豐田汽車乃藉由公司內部的刊物「Weekly TOYOTA」去呼籲CS的重要性，全力去培養CS精神。

另外，爲使CS活動進行的更起勁，公司還劃分期間，進行「CS提升活動」。1991年度是在2月1日到3月31日的二個月裡舉行，活動期間所有的從業人員都佩帶心型的胸章，每個人都以提高顧客滿意爲目標，進行其日常活動。另外，這裡我們也順便介紹一下「CS提升委員會」的三個分科會的活動內容：

①車輛品質分科會

「良好的車輛品質是取得CS NO.1的基本要件。去年雖然品質方面在

美、日都頗獲好評，但是今年還要更加強活動，除了初期品質之外，長期品質方面也務必使其獲得第一。另外，我們所製造出來的車子，不論在任何方面，都必須是 CS NO.1」。

②國內銷售、服務分科會

「我們一直與經銷店結成一體推進活動，但是顧客的要求水準也年年不斷提高，所以還是有未解決的課題。在營業人員、經銷店、服務、追蹤活動的所有層面，都必須強力推進具體對策，以達成最後的目標及未來的穩定經營」。

③海外銷售與服務分科會

「我們認爲現今的活動較過去的活動更爲徹底推行，甚至已經貫徹到配銷商。今年與配銷商合作，推進第一線的經銷商的改善活動」。

■車的修理與心的修理

CS 不會馬上看得到成果，關於這一點豐田汽車也體認「需有長期性的視野」，所以把 CS 當作是一種先行的投資。在短期上雖然會有行之不易之處，但他們確信將來必定看得到相對的成果，所以今後應當更積極去推進 CS 的經營。

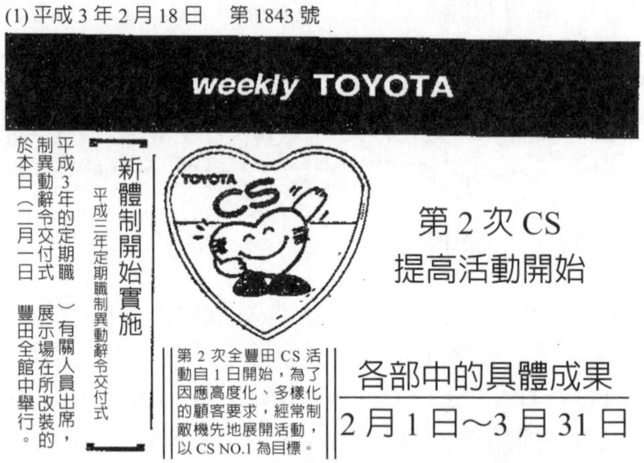
(1) 平成 3 年 2 月 18 日　第 1843 號

weekly TOYOTA

新體制開始實施

平成三年定期職制異動辭令交付式

平成3年的定期職制異動辭令交付式於本日（二月一日）有關人員出席，展示場在所改裝的豐田全館中舉行。

第 2 次 CS

提高活動開始

第 2 次全豐田 CS 活動自 1 日開始，為了因應高度化、多樣化的顧客要求，經常制敵機先地展開活動，以 CS NO.1 為目標。

各部中的具體成果

2 月 1 日～3 月 31 日

圖 6.5　Weekly TOYOTA 的畫面

豐田汽車所考慮的長期性 CS 經營目標是去培養自己的擁護者（車迷）。培養「買車一定要買豐田的車」的強力擁護者後，再讓這個中心群向外擴展出去。所有從業人員都抱持這種觀念，利用對顧客的服務、接觸去實現這個目標。

　　以車子故障時的服務爲例來說，以前車子故障了只是設法加以修護而已，但是現在則必須具備這樣的觀念：「車子故障時，顧客的心也故障。所以不能以爲只要把車子修好就可以了，車子的修理與心的修護兩者一樣重要」。

　　顧客與企業的邏輯之間經常都會有差距，在顧客的期待值不斷提高的情形之下，豐田汽車也覺悟到活動的展開必須同時確實掌握顧客的期待才行。

　　公司在 1989 年引進 CS 經營的時候是準備以 3 年的時間作一個目標去展開活動。如今 CS 的思想已在公司內部穩定生根，同時在 J.D. Power 公司的排行調查中也躍居第一位，這些都可以算是一個階段目標的完成。

　　接著就要邁入第一九九二年開始的第 2 個階段。現在面臨而來的問題是應該在過去培養起來風土上採取什麼樣的新戰略？豐田的下一個 CS 戰略可以說備受矚目。

・小提醒

　　以提高 CS 為目標，著手各項 CS 活動（成功事例的水平展開，於經銷店表揚制度中加入 CS 活動等）。

Note

第7章
製造業事例2：日產汽車
──最高境界的滿意＝感動

7-1 唯有能讓顧客認同的商品、服務，才真正具有其價值

■設置以社長為主任委員的「CS經營提升委員會」

在前面的第2章中曾經述及日產汽車在1986年時變更其經營理念為「以顧客為首要之務」，從商品開發與銷售兩方面展開以顧客為優先的戰略，以此為公司開闢了重生之路。之後，為了CS經營能更積極、更有組織地推進，更進一步地在1990年1月設置了「CS推進室」，同年的3月成立了「CS提升委員會」。

該公司的CS經營觀是站在顧客的立場來重新檢討及評價商品與服務，所以它的價值觀是擺在「顧客」之上的。也就是說，自己認為車子再好都沒有什麼價值，唯有顧客予以好評、認同的車子，才是真正具有價值的好車子。服務方面也是同樣稟持這樣觀念。

下圖中的「CS提升委員會」就是使所有員工體認「顧客乃首要之務」觀念，使整個公司結合，強力去推進這種經營的一個組織。CS並非經營的手段，而是「經營之真理」，基於這個觀念，久米豐社長已擔任該會的主任委員，其他委員由專務、常務董事級的幹部人員所組成，陣容相當堅強。為了使顧客的滿意度能更提升，它採取了「速斷速決」（迅速下判斷、迅速做決定）的對應之道。

CS提升委員會的任務是針對提升整個公司的CS的相關方針與進行方式，進行審議與決定，其審議之事項包括下列各項內容：
①關於提升CS的整個公司性的橫斷（部門與部門之間）課題與部門的課題。
②顧客情報之蒐集與活用的相關體制。
③培育CS精神的有關活動。

■以由下向上的方式培育CS精神

CS提升委員會之下還設有「課題檢討部會」與「顧客情報部會」兩個單位。各部會依據各自的機能檢討有關如何提升CS的課題，並提案給CS提升委員會，同時負責推動各部門內的CS展開。

另外，「CS推進室」是促使CS提升委員會有效進行其活動的一個組織。它除了進行身為CS委員會之組織的份內工作之外，也參與推進「CS推進委員聯絡會」之機能的相關工作。

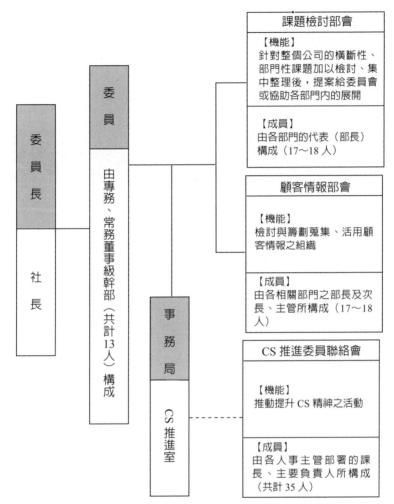

圖 7.1　日產汽車的 CS 提升委員會的組織

　　想要提升 CS，首先最重要的是要有正確、紮實的 CS 理念，其次是要提升所有人員的 CS 精神，而這些都是 CS 推進委員會所負責進行的工作。提升 CS 精神有很多方法，像是舉辦研修會、製作教育手冊等等，但其中以 1991 年向所有人員徵求「CS 精神論文」之作法最爲特別。

　　談到論文常給人一種高不可攀的感覺，但是此處的徵文與一般的學術論文，性質是不相同的。以下是其標題，即只要與 CS 有關者，任何內容都不拘。

①「CS 之我觀」

②「向製造業者的 CS 活動提出建議」

③「我對 CS 的想法」

CS 精神的推動如果由上方來進行，難免會有不求甚解之弊，如果透過寫論文則可將自己對 CS 的觀念做一番整理，是很難得的一個學習機會。想要培養 CS 精神，由下至上進行是一個很有效的方法。

徵文比賽還有一個很特別的地方是它的徵文對象不只侷限於日產汽車，其他像日產車體、日產內燃機工業等關係企業也都列為其對象範圍。它的目的是想讓關係企業的員工也培養出 CS 精神，藉此提高整體的 CS。

· 小提醒

設置「CS 推進室」、「CS 經營提升委員會」以積極推動 CS 經營，培養員工的 CS 精神。

Note

7-2 從「車的魅力」與「社會貢獻」二個觀點去提升顧客的滿意

■凡受車子影響之人皆為顧客

談到提升 CS，一般都以如何去提升既有顧客的滿意為主題，但日產汽車則不把顧客的對象限定在既有顧客上，它所涵蓋的層面更廣，分為以下三層：

①第一層：目前日產所保有的顧客

②第二層：未來日產可能保有的所有人

③第三層：受車子影響的人們

除了目前日產所保有的顧客之外，凡受車子影響之人，日產都視之為自己的顧客，以提升這些人的滿意度為目標。光是提高既有顧客的滿意度就不是件易事了，何況是這些以外的人也要考慮，聽起來更是遙不可及了，但日產汽車就是打算做到這個地步。因此可謂工程浩大。

汽車會因排放的廢氣對環境造成影響以及交通事故而影響到社會，所以對既有顧客以外的影響，其所包含的層面是非常廣的。日產汽車連這些地方都會考慮到，表示它具有社會責任的觀念。不管既有顧客的滿意度獲得多大的提升，如果受車子影響的人處於不滿的狀況，這仍是美中不足的。只有第一層到第三層的所有顧客都獲得滿意，才能算是真正的滿意。

■提升 CS 的兩個對應之道（直接與間接的）

若從廣義的角度去解釋顧客的意義，則提升 CS 的對應方式自然也會隨之產生差異，規模也會變大。對應的方法可大致區分為直接的與間接的二種。

(1) 以直接的對應方式提升滿意度

提高車的品質、乘座的舒適感；提高銷售服務與售後服務；對車族提供愉快的生活，透過以上這些方式去提升顧客滿意度。

(2) 以間接的對應方式提升滿意度

積極從事貢獻社會的活動（文化、體育、福利活動等）與參與著手環境、安全、交通問題等，以貢獻社會的方式來提高顧客的滿意度。

日產汽車公司非常熱衷於地區活動，如追兵工廠就曾提供自己工廠的設施給市民大會使用等等，多方面地參與貢獻社會的活動，除此之外，在環

境、安全及交通問題方面更是積極地參與。

這些活動引起社會大眾極大的注意，其中尤其是它以「我們日產對安全的觀念與實際活動」為題，在報紙與雜誌上所刊登之大篇幅的廣告（共計二大頁）。二個版面的大幅廣告是非常少見的，尤其它以文章方式敘述，更是給讀者強烈的印象。

本篇廣告除了敘述日產汽車對減少交通事故的整體行動與觀念之外，還

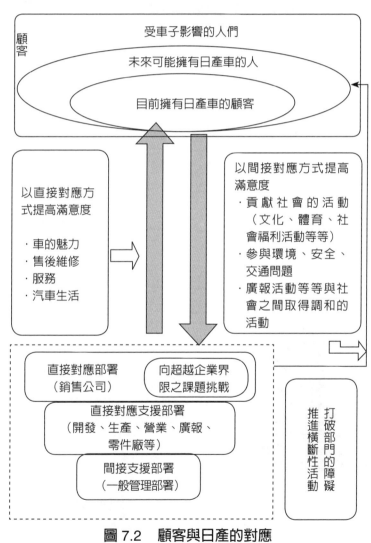

圖 7.2　顧客與日產的對應

敘述了日產考慮到未來的交通環境，已全力著手籌組「交通研究所」的計畫，同時呼籲減少交通事故最重要的仍是要靠大家的用心。

一般汽車公司的廣告多以刊登汽車照片的「展示性廣告」為主，但日產的這項廣告卻只有文章，算是一種「閱讀性的廣告」，這點可說是非常特別的。日產公司之所以敢於這樣的嘗試，正可以說明它希望社會的一般大眾能夠了解日產汽車認真地在安全方面做各種努力。

日產汽車利用上述這種直接與間接的對應方式來提高其顧客的滿意度。同時，為使提高顧客滿意度這個目的得以實現，除了日產汽車本身的所有部門之外，相關的製造廠也都配合展開活動。

·小提醒

顧客涵蓋層面廣闊，不僅限於既有的顧客而已，以這些顧客的滿意提升為目標的大規模性 CS 活動。

Note

7-3 最高境界的顧客滿意是「感動」

■利用「CS 遠景」來達到顧客的滿意

所謂「顧客的滿意」是無法以某種固定的基準加以規定的，它的定義會因不同的顧客而產生不同的差異。因此，日產汽車公司將顧客滿意的最高境界如此加以規定：「顧客由於日產集團所提供的商品、服務及情報而受到感動，同時擴大這種共鳴的狀態。」也就是說，除了商品與服務本身要好之外，還要設法透過這些提供，讓顧客感受到內心的震動與喜悅，以達到感動的狀態。這種感動必須是發自內心深度的滿足感，一種最高層次的喜悅，而不是口頭禪而已。

要把滿意提升到感動的境界並不是那麼容易的事，這些都要藉由商品、服務、情報的提供，去設法使顧客感動。時代的進展已提升到心靈的層次，追求「心靈的滿足」者愈來愈多，所以，「感動」是當前很重要的一個關鍵語。今後的課題將會是如何去喚起顧客的感動。

如上所述，感動是 CS 活動的究極目標，其活動領域分為下列二種：

(1) 去除與顯在化顧客之間的差距

每個顧客都有其不同層次的要求水準，雖然每個人之間有著不同的差異，但對商品與服務還是會產生不滿（抱怨）。此外，與其他公司相較之時也會產生不滿。本活動就是設法確實去掌握這些已實際顯現的不滿，設法解除不滿，使其達到滿意的境界。換句話說，就是讓已呈現「負面」的局面逆轉成為「正面」。

(2) 創造「預先洞察要求、欲求的先捷型滿意」

儘管顧客對目前的商品及服務感到滿意，但隨著時代的變化與生活水準的提升，顧客可能會要求能帶來更高的滿意或更新的產品與服務。因此，必須仔細留意這類的要求、欲求，即使顧客未言明，企業本身也要積極去提案新的商品與服務。而這就是本項所提的去創造預先洞察顧客要求、欲求的滿意，它必須走在顧客之前，即所謂的「先捷型滿意」。

例如儘早開發符合顧客需求的車子，顧客會覺得「這正是我一直想要的車子！」因此而感到高興。而且因為實現了愉快、富裕的有車族生活而獲得更高的滿意。

在這種情形之下所面對的問題是「究竟要提供什麼樣的商品與服務？」日產的目標「CS 遠景計畫」或許可做為其基準。談到遠景，常聽到所謂的「21 世紀的遠景」這類用法，而這是以企業立場來考慮的想法。但是，

日產汽車的「CS 遠景」卻是站在顧客立場的一種觀念，也就是說「以顧客的立場來看，他們希望日產能夠如何如何……。」不論任何一處細節都以顧客的意見爲依據，它能讓顧客感受到每一個顧客都是它所在意、關心的，它是以誠意在對待它的顧客的，這也是一種顧客所普遍期待的遠景。

■透過綜合的 CS 調查與顧客諮詢部蒐集 CS 情報

提升 CS 的具體活動體系可圖示如下。活動的第一步是去了解顧客的實際狀況。在施行的對策方面是利用下列二種方法去蒐集情報。

(1) 綜合性的 CSI 調查

目前公司每年進行一次「顧客滿意度」的問卷調查，由這個調查去了

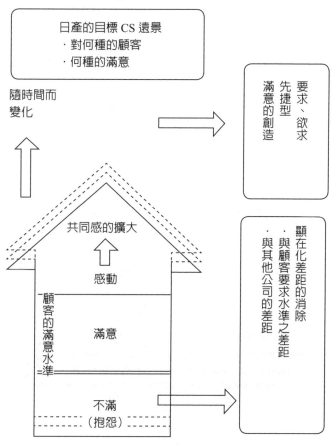

圖 7.3　提高顧客滿意的企業活動

解顧客對日產汽車的商品、服務及企業形象的看法,調查結果並加以指數化。這種歷時系列性的調查不但有助於了解顧客的綜合性滿意度,同時還可以掌握各個不同領域的個別滿意度,對下一次的 CS 提升活動是一個很好的參考。

另外,它所要知道的不只是滿意度而已,問卷中另外設有自由回答項目,讓顧客自由抒發他們對日產汽車的不滿、希望與期待。自由回答項目對回答者而言雖然比較麻煩,但這些直接的反應當中常潛藏著很多寶貴的意見,如能設法請顧客協助填寫,對改善將會有很大的幫助。

(2) 掌握顧客的心聲(需求)

CSI 調查是每年舉行一次的調查,只憑這樣一項調查是很難了解顧客的實際情況的。為此公司特別在東京與大阪設置了「日產汽車顧客諮詢部」,藉由這個機能有效去蒐集顧客的反映,進而了解日常顧客的實際狀況。

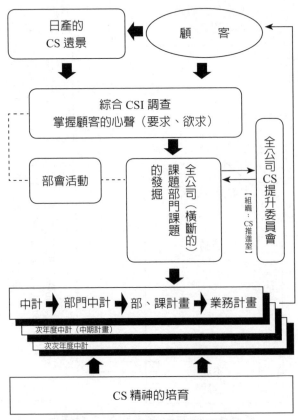

圖 7.4　CS 提升活動的體系

　　顧客會打電話到這個單位反應他們在購物、詢問及抱怨上的各種問題，公司也可藉此確實了解顧客現在在想些什麼及有什麼樣的希望與要求。光是 1990 年度一年之間總共就接到八萬件顧客的電話，平均一天三○○件左右。

　　這些情報會立刻經由電腦，以直接的語言輸入、記錄下來，所以不論任何時候，每個人都可依其需要去調閱這些資料。眾多情報當中最受重視的是「顧客抱怨」部分。抱怨所顯示的內容通常只是冰山的一角，所以對於顧客的抱怨除了要真心去傾聽之外，還要迅速設法謀求解決之道。

　　顧客抱怨的比例約占全體反映件數的 3～4%，雖然數量不多，日產仍將之明確記錄下來，立即聯絡相關部門設法解決。而且，不僅只滿足於目前問題的解決，這些資料還會被編製成抱怨月刊，一方面做為日後的參考，另一方面喚起整個公司對問題的關心。

　　提升 CS 的基本是讓顧客的情報能迅速傳達到公司的每個角落，公司目前正在檢討今後是否採用監聽制及發掘沉默之顧客等等的方法，著手去蒐集顧客更寶貴的意見。

■ CS 提升活動是需要耐心的活動

　　公司依據 CSI 調查與顧客諮詢部所得之資料，於部會內針對內容詳加檢討，然後明確將之分類為整個公司之課題與各部門之課題。接著再將這些課題交付給 CS 提升委員會做政策決定，一旦決定之後便落實於中期經營計畫中實施以解決問題。活動結果若問題獲得解決，便算是一件結案，若問題未能充分獲得解決，則再進一步轉動 CS 提升活動的循環，直到問題解決為止。

　　日產汽車就是以這樣的方式去提升其 CS，但目前只能算是剛上軌道，還談不上已經有什麼成果，而且成果也不會這麼快就看得到。如果是提高生產力或促銷活動，馬上就可以看得到它的成果，但 CS 提升活動則無法立刻驗收其成果，這是一個需要耐心去耕耘的活動。

　　但是儘管如此，日產從培養人員的 CS 精神到改革公司內部的風氣，無不以最實在的作法不斷努力求進步。所以，我們相信幾年之後顧客必然會給予日產最大的肯定。

・小提醒

　　利用綜合性的 CS 調查與掌握顧客的需求、欲求來提升顧客的滿意度，以創造「先捷型的滿意」為目標。

久米豐語錄

(1)「第一義」（首要之務）在佛教用語中是指最重要的東西的意思，它與主張或摻雜主觀意識在內的「主義」是不同的，因為它是一種真理。這個觀念已逐漸為人所接受、理解。真正重視顧客的話，首先就要重視自己的從業人員。沒有出色的從業人員，就不會有好的服務呈現給顧客。

(2)最近我一直試圖以倒立的金字塔方式來說明組織圖的精神。居於最上方的不是社長，應該先有顧客，接著是從業人員，最後才是居於最下方負責支援的董監事。唯有具備這種重視現場的觀念，才能因應顧客的變化。

第8章
服務業事例：DC信用卡
──以提供優良服務的管理
體制為目標

8-1 以提升最佳服務為標的

■ DC 卡概要

DC 卡是由三菱集團旗下各公司出資，於 1967 年設立的一家信用卡公司，到 1992 年滿 25 周年。

DC 卡的總公司設在東京的涉谷，轄下十九家分公司分別設在大阪、名古屋、福岡、札幌等地。1992 年 4 月，員工總人數一二三七人，由三菱銀行出身的行員和業務推廣人員組成，是一家年輕員工較多的企業。

顧客取得信用卡，大都是在銀行開戶的時候，接受推薦或是自己到門市營業所申請。因此，每一家信用卡公司無不多設置窗口。DC 卡也基於同樣的理由，和地方銀行各金融機構以授權加盟的方式，遍布 DC 卡交易機構網路。至 1992 年度為止，共有三十四家加盟公司合作提供服務。

以消費額、會員數、加盟店數來衡量，DC 卡是銀行體系信用卡公司中排名第四位。排名第一的為 JCB 卡、第二為日本 VISA 卡、第三為 UC 卡（參照表 8.1）。

DC 信用卡公司為了因應各式各樣的生活型態，總共發行了八種信用卡。

表 8.1　銀行系信用卡公司業績比較

（1992 年 3 月底）

	會員數（千人）	加盟店數（千店）	消費額（億日圓）
JCB	24,583	2,443	34,936
日本 VISA	18,805	1,691	19,679
UC	12,660	1,120	19,096
DC	9,634	844	10,674
MC	4,350	680	5,612
DINERS	705	260	3,111

資料來源：「消費者信用」月刊

信用卡公司也不餘遺力地和各行各業合作。信用卡事業可以說是顧客資訊的資料庫，就此觀點而言，因為有助於一般企業或團體的業務發展，因此也樂於和信用卡公司合作，導入信用卡消費業務。合作的業種除了律師、會計師等協會之外，目前已遍及百貨公司、專門店等零售業，旅遊休閒業、鐵路交通業、壽險業、證券業、加油站、大學等行業。

■信用卡業界的環境

信用卡的普及已經對於一般大眾的生活帶來相當大的影響。無現金化（Cashless）的進展，視使用信用卡為當然的社會，已在這十年之間形成。不管是享受生活的休閒或外出用餐、或是日常生活購物，都已經很自然地用信用卡付款。

信用卡普及的最大因素，來自年年高漲的國外旅遊熱。很多人都是要到國外旅遊，為了安全及信用保證而申請信用卡，旅遊回來後仍保留信用卡繼續在國內使用。

信用卡公司也採取策略呼應這個潮流。T & E（Travel and Entertainment，旅行與娛樂）策略即是其產物。這個策略就在於充實持卡者享受旅行和生活的服務，最近更擴充健康、安心的新功能。目前信用卡業界擴大市場的方向，都是以與生活息息相關的領域為導向。市場規模方面，截至 1990 年為止，還都有兩位數的成長率。過去三年間，包括銀行體系、信用銷售體系、流通體系在內，信用卡業界全體的消費額，1988 年度是八兆八千億日圓，1989 年度是十一兆四千億日圓，1990 年度更高達十四兆三千億日圓的規模，三年間成長了約百分之六十。

助長市場急速成長的主要因素之一是，1989 年 VISA 卡和 MASTER 卡的雙重發行以及 MASTER 卡的加盟店互相開放。VISA 和 MASTER 這兩家國際性知名的信用卡，可以和其他信用卡共通使用。因為如此，使得各家信用卡公司又更增加信用卡的功能和方便性，同時卻也使得各種信用卡的差異性消失。

另外從 1992 年起，銀行體系的信用卡也解禁，可以承做分期付款的業務，於是銀行體系信用卡公司，也開始介入原本是信用銷售體系信用卡公司的分期付款市場。銀行體系、信用銷售體系的區隔漸趨淡薄，居於同等的競爭地位。

流通業體系方面也自己發展信用卡業務，漸次擴大勢力範圍。

隨著市場成長，各家信用卡公司也急速開始有一些差別化的動向。例如系統化、擴充信用卡的合作對象，或是區別會員、發行專用卡等區隔化策略。

■為何必須提高服務品質

隨著信用卡業界的成長，DC 卡也跟著急速擴大。消費額從 1988 年開始急速增加，到 1992 年 3 月底，全體 DC 集團的消費額已達一兆六七四億日圓。會員數也以平均每年十五％的幅度成長，到 1993 年 3 月底，會員

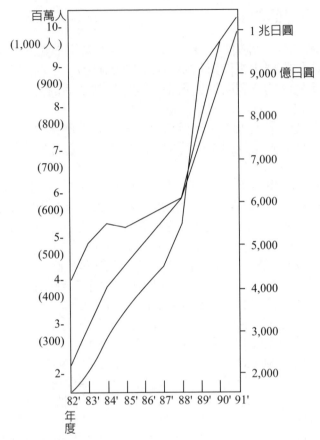

註：括弧內的數字為員工人數

圖 8.1　DC 卡的成長趨勢

數已超過九六○萬人。隨著業務內容的擴大，員工人數也急速增加，三年間增加為 1.5 倍（圖 8.1）。

　　對於這種處於快速成長期的事業而言，當前最重要的，並不是因襲過去擴大成長時代的型態，一味求規模的擴大，而是回歸經營的原點，再去探索新的成長型態。營業額的擴大、利潤的增加本身只是目的，追求效率的價值觀，更符合發展期事業經營的需求。

　　就一個提供新商品、新服務的事業而言，也不是單方面由企業策劃銷售就已經足夠，還必須在確認顧客滿意的同時，推動事業。重視獲得滿意的顧客，這才能結合到企業的存在價值上，其結果才能建立起屹立不搖的業績基礎。這種模式才是今後事業經營之道。一味只強調擴充的企業必須

覺悟，隨著企業規模的擴大，顧客不滿也跟著擴大。

DC卡開始推動CS經營來提升服務水準，是在1990年5月。當時仍是事業成長，業績鼎盛的時朝。除了因為事業擴大、組織膨脹，被迫對內做必要的系統化及充實管理體制之外，也開始把眼光投注在顧客身上，提高服務品質。

特別是和生活有密切相關的信用卡公司，從服務策略來看，除非全體員工具有共同的CS心態與行動力，否則今後將無立足之地。為了讓顧客滿意，每一位員工必須再動腦筋，必須更加努力藉由各種服務活動的推動才能達成。再加上每年增加的新進員工，如果沒有這樣的體認，那麼在顧客的對應上一定會產生不一致的差異性。

提高服務品質，已是DC卡在今後的經營上最大的課題。

■引進CS經營的緣由

DC卡的經營理念是「顧客第一」、「創意研究」、「挑戰精神」。

其意義是「貫徹顧客第一的思想、發揮創意、悉心研究，並以挑戰的精神來提高水準」。DC卡CS經營革新的推行委員會委員長前副社長庵原茂也，說明了DC卡經營理念的意義。

庵原副社長之所以企圖導入CS經營的緣由，主要是來自美國運通卡（American Express）的啟示。

「根據雜誌的報導，美國運通卡的總裁主持了一項顧客抱怨的調查工作，發覺在服務部門的顧客應對上，有許多問題存在。在發覺事態嚴重之餘，開始重新訂定各項事宜的處理基準，並定期追蹤考核。當我讀到這篇報導的時候，也警覺到我們DC卡公司也必須明訂工作準則，才能使會員和加盟店獲得更大的滿意。信用卡事業包含著金融業的要素，因此在基本的事務處理方面要求確實。雖然，我們認為這些基本事務處理已經執行得相當確實，但是實際上各式各樣的顧客抱怨還是持續發生。對於那些願意向我們提出抱怨的顧客，我們都一直抱著感謝的心情。我認為這樣的顧客只是極少數的一部分，同樣不滿意卻不願說出來的應該有幾十倍，幾百倍之多」。

另外有一事件，也影響庵原副社長對CS經營的看法，順便也在此介紹。這是一位婦人的抱怨。「前幾天收到貴公司寄來，要從銀行帳戶扣除信用卡年費的通知，我告訴櫃台人員：『由於先夫亡故，信用卡已不再使用。』結果櫃台人員告訴我：『那麼請提出退會申請。』人都已經死了，難不成要死人提退會申請嗎？」

我們再回到庵原副社長講的話。

「我們的工作性質需要和各式各樣的顧客應對。應對這個詞必須廣義掌握，不能是那種事務性的被動式的應對，而是依顧客的狀況採取適當的應對。必須把服務品質提升到非常圓滿，而且是有系統的水準。」

庵原副社長更提到貫徹「顧客第一」的思想，在公司內部強化「創意研究」、「挑戰精神」的論點。

「信用卡事業雖言信用第一，但是另一方面，也是提供顧客愉快消費的手段。為了要讓顧客愉快，員工也必須愉快才行。員工愉快，創意構思也就泉湧而來，向更高水準挑戰的精神也隨之振奮起來，這又將帶給顧客更大的愉快，愉快也就更加擴大。我就是希望把 DC 卡塑造成這樣的經營風格。」

■導入 CS 經營前的體質診斷

在導入 CS 經營之前，必須先對自己公司的體質有一番深入的認識。從過去到現在，公司是受到什麼樣的價值觀支配著的？組織之中已經形成什麼樣的慣例？都必須確實掌握清楚。這是因為 CS 經營是一種徹底改變想法與行動，完成經營準則變革的活動。在過去的價值觀當中，有些在不知不覺之中，已經形成企業內部的邏輯，這些非排除不可，還有一些壞習慣也非改不可。哪些該留下來，哪些該去除掉，都必須認識清楚。

另外一件重要的事情，就是必須知道對於這一次革新，公司具備什麼程度的彈性因應能力。根據這個才能事前判斷，是否具備能有計畫地、持續地、徹底地，推動相關事務的企業風洛。

JMAC（日本能平協會）有一套 CS 經營導入前的診斷程式，其觀點有下列五項（參照圖 8.2）。

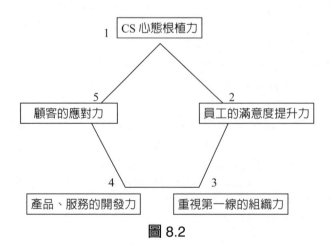

圖 8.2

① CS 心態根植力

• 高階對提升員工心態的態度如何？

• 現有員工心態水準如何？

②員工的滿意度提升力

• 員工工作幹勁如何？

• 工作環境的充實度如何？

③重視第一線的組織力

• 管理者的功能意識如何？

• 部門間合作與支援第一線的狀況如何？

④產品與服務的開發力

• 改善體驗的程度高不高？

• 產品或系統化研究是否盛行？

⑤顧客的應對力

• 對顧客了解到什麼程度？

• 和顧客的接觸點有哪些？

從這些觀點來看經營的現況，並據以決定推展 CS 經營的方法與展開的架構。

就因為 CS 重要，或是追隨 CS 熱潮，就想輕易地推行 CS，是沒有什麼意義的。應該去思考為了提升 CS，需要改變什麼樣的體質結構，才是重要的。如果不是這樣的話，只會演變成臨陣磨槍式的改善活動，進行到途中就迷失方向了。

■ DC 卡的體質特徵

當時 DC 卡的企業體質，我們感受到具有下列的特徵。

除了具有三菱銀行堅實經營風格的基礎之外，又兼備年輕業務推廣人員充滿行動力的氣質，只要認為是好的事情，就放手去幹。推動 CS 經營也不要什麼囉唆的道理，只要是顧客有所求，我們就做。這一點對於 CS 經營的推動，是非常重要的事情。這是因為顧客的要求與期待差別很大。因此能夠因應顧客變化的判斷力與實踐力，乃是最基本的要求。而且這也將使員工覺得工作更有意義。

高階對於年輕人才培育方面，也有強烈的意願。每週二早上由副社長召集年輕課長的自由討論會議，也一直持續舉行，這是將來主力幹部的培育。高階與第一線主管的距離近，聯繫的管道暢通。這些都是革新的基礎。

除了上述優點之外，也有一些缺點。由於人力結構層級多，而造成溝通

落差，就是其中之一。結構層級大略可區分爲銀行轉任者、外派者和業務推廣員這三個層級，各自都有一些組織文化的差異。資歷和職位也當然不同，問題是這些不同組織文化，是否能夠像有機體那樣結合在一起。每一個層級都訂有自己的業務範圍，也在業務範圍內努力工作，按照自己的想法推動工作，但是另一方面，彼此間卻缺乏溝通。銀行轉任來的這些主管雖然把實務工作授權給年輕業務推廣員，但是這些授權卻並非全然是基於全盤考量。如果處理不愼，很容易就變成自由放任。對這些年輕員工既沒有嚴格要求，也沒有鼓舞獎勵。

　　CS 經營是要建立一種，以顧客滿意做爲向心力的經營價值體系和行動體系。管理者必須發揮領導力，年輕部屬也必須勇於向先進或上司挑戰。追求問題的本質，積極尋求解決的方案，決定解決方案後全體一致執行，CS 經營必須以這樣的風格爲前提。因此，放任體質將是最大的阻礙。面臨的最大課題就是，如何消除層級的落差，以及如何形成一體感。就此意義而言，CS 經營的推動也可以說是去塑造這樣的新風格。

■彩虹專案的誕生

　　1990 年 5 月，DC 卡開始著手 CS 經營革新。專案小組的成員由各方選出。

　　JMAC 對於專案小組成員選定的要求條件只有一項，就是具備改變公司意圖，向前看的想法與行動力的人。就此意義而言，我們認爲 DC 卡在成員人選方面已經盡了最大的努力。

　　推動伊始，檢討專案的名稱。在企劃部的提議之下，決定採用「彩虹」（Rainbow）專案這個名稱，各取下列英文字首代表本專案的精神。

Revolution（改革）
Assessment（評估）
Interest（關心）
No.1（業界第一）
Belief（堅信）
Organization（組織）
Wave（潮流）

　　也就是說，徹底改革服務，以成果考核，讓全體員工關心、貫徹，以業界第一爲目標。並以組織推動這一波提高服務水準的活動（參照圖8.3）。

　　在初次和專案小組成員照面的時候，我們提出下列的要求。

　　從現在開始，我們將共同來解決提高顧客滿意這個課題。過去我們做過的事情，都一項一項徹底地以顧客的眼光來重新審視。對我們自己認爲是

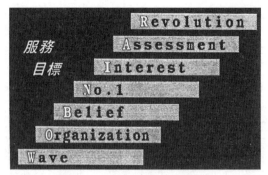

圖8.3 彩虹專案的海報

有效率的做法，也許實際上會帶給顧客許多不便也說不定。我們認為好的事情，也許顧客並不領情。本專案的目的，就是由全體員工來找出這些現象，以及具備解決這些問題的能力。雖然成果比較看不到，卻是關係到經營根源的主題。

我們希望推動本專案推行小組的成員要有三種胸襟。

①**開放的胸襟**：坦誠傾聽顧客或員工的意見。

②**關懷的胸襟**：因為我們的工作是要建立新的價值觀與行動模式，因此一開始一定會有很多員工感到疑惑，我們必須非常有耐性地一而再、再而三地交換意見，直到大家接納為止。

③**堅忍的胸襟**：即使在無法順利推展的時候也不要沮喪，堅忍地努力下去。

■提升服務的活動領域

DC卡的CS經營革新，是以提升服務為切入口。其目標在於具備真正的顧客應對力，提升服務的對象領域，依類別有下列五種（參照圖8.4）。

①**信用服務**。

②**附加價值服務**。

③**系統服務**。

④**設施、設備服務**。

⑤**人的應對服務**。

信用卡業界原本的信用功能，在哪裡都沒有什麼大差異，因此各信用卡公司都在附加價值服務的開發上投注心力。譬如說隨消費額的高低附贈獎品就是其中之一，一般稱之為贈品服務。另外一種是在協助會員生活面的同時，也增加信用卡消費機會的各種附加服務。例如，搬家服務、高爾夫

顧客認定的價值	商品價值		使用價值		心理性價值
信用卡公司提供的服務	信用服務	附加價值服務	系統服務	設施·設備服務	人的對應服務
顧客滿意的性質　功能性滿意要因	·授信額度 ·加盟店數	·折扣 ·接待 ·方便性	·營業時間 ·迅速 ·資訊正確	·地點好 ·店數多	·諮詢 ·建議
顧客滿意的性質　情緒性滿意要因	·身分 ·卡片設計	·申請容易 ·愉快	·簡單	·使用容易 ·氣氛	·親切 ·信賴 ·好感

圖 8.4　服務的分類

球場介紹預約的服務、送花服務、電影或音樂會的購票服務等等都是。但是這些附加價值服務都很難成為競爭上的優勢。因為 A 公司做了，B 公司馬上跟進。B 公司開發一個新的服務，A 公司也馬上推出類似的服務。

系統服務指的是縮短信用卡發行期間或顧客資訊的維護。系統服務可以藉由電腦資訊處理來實現方便性與迅速應對。這是屬於系統開發與投資的問題，這也是各家信用卡公司激烈競爭的領域。

設施與設備服務，指的是方便的營業地點和設置自動提款機、裝潢氣氛良好的營業所。

最能夠顯現獨特性的是什麼呢？乃是公司的服務思想，以及員工的工作態度。在設計系統的時候，是考慮自己公司的效率或是考慮顧客的效率而設計，差異就顯現出來了。在設立營業據點的時候，是以賣場面積為優先還是以顧客的動線或易懂為優先。待客的場面也是如此，是為了出清存貨採取緊迫盯人的逼迫銷售方式，還是充分考慮自己要提供什麼樣的服務才能達成顧客的願望，而不以當場成交的應對方式，在意義上完全不同。

重要的是判斷基準。要把員工的工作目的，全部面對顧客，並一項一項去實踐。要確立這樣的態度與行動力當然不容易。雖然困難，但是只要能夠建立起來，就能夠產生別家公司所模仿不來的企業存在價值，這些態度和行動力會形成企業文化，形成文化之後就不容易潰散了。

因此，DC 卡的提升服務活動以下列領域爲對象著手。

目的是顧客滿意。信用服務和附加價值服務當然也不能忽視，不過這兩者委由現有組織執行。彩虹專案完全以人的應對服務爲中心，在與顧客的應對之中，改變執行業務的態度和程序。而在過程中強化系統服務與設施、設備服務。

■設立推行委員會

在 4 月的準備期間中，設立了推行委員會。由庵原副社長任主任委員。爲了全公司推動起見，成立以所有二十名經理爲委員的組織。

1990 年 5 月 23 日召開第一次推行委員會會議，正式開始推動。

議程方面，首先由庵原主任委員說明彩虹專案的目標，以及在經營上的定位。接著由 JMAC 說明，藉由提高服務水準來達成提高顧客滿意的構想與推行方法，最後由當時的石阪社長期勉專案的成功後結束。整個議程如圖 8.5。

```
1. 開會致辭 ┈┈┈┈┈┈┈┈┈┈┈┈┈┈┈┈┈┈┈┈┈ 執行長
2. 成立大會宣言 ┈┈┈┈┈┈┈┈┈┈┈┈┈┈┈┈┈ 副社長
3. 推進體制及成員介紹 ┈┈┈┈┈┈┈┈┈┈┈┈┈ 執行長
4. 演講「服務革新的必要性」┈┈┈┈┈┈┈┈┈ JMAC
5. 對彩虹專案內容說明 ┈┈┈┈┈┈┈┈┈┈┈┈┈ JMAC
6. 對彩虹專案期勉 ┈┈┈┈┈┈┈┈┈┈┈┈┈┈┈ 社　長
7. 閉會致辭 ┈┈┈┈┈┈┈┈┈┈┈┈┈┈┈┈┈┈┈┈┈ 執行長
```

圖 8.5　推行委員會成立大會議程

在這次推行委員會大會上，確認了彩虹專案的展開步驟圖如下。

爲了讓顧客對持有 DC 卡感到滿意，就下列兩點著眼。

①確認顧客應對關鍵因素的服務品質爲何。

②確立服務品質的設計方法，建立能夠持續提供優良服務的管理體制，做爲提高服務品質的對策方案。

推行方法依當時的構想，分三階段進行。第一階段爲「提高服務意識、決定方向」。第二階段爲「實現目標服務品質」。第三階段爲「建立制度、持續革新」。依此三階段順序展開提升服務水準的活動（參照圖 8.6）。

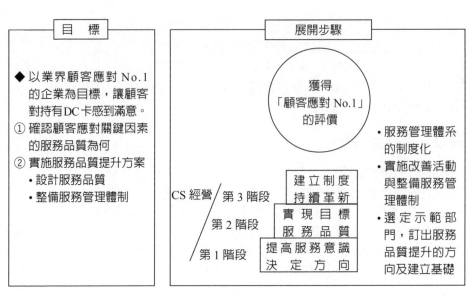

圖 8.6　彩虹專案的目標與展開步驟

■員工意識的診斷

JMAC 對於經營革新的看法，認為有三個革新軸。**產品革新：**改變事業，產品的革新。**程序革新：**改變工作方法的革新。**意識革新：**改變人的意識與行動的革新。這三個革新軸並不要全部滿足，而是依經營狀況與目的來決定主軸，並形成經營個性（圖 8.7）。

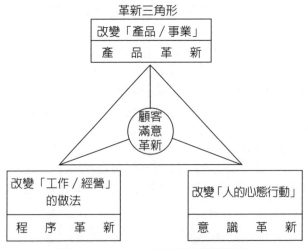

圖 8.7　JMAC 的經營革新觀點

CS 經營爲了提供高滿意度，因此把重點放在業務程序革新，然後再把成果反映到產品革新上。這是因爲先著眼於產品革新的話，很容易只止於開發構想的探討，只限於幕僚部門的努力範圍之內。

再者，成功推動程序革新與產品革新的原動力，就是員工意識的問題。如果員工不重視顧客滿意、不去思考、不去行動，當然達不到 CS，也無法提供 CS 的服務。因此，JMAC 在輔導導入 CS 經營時，一定先針對意識做一次診斷。對全體員工做問卷調查，調查是否意識到 CS 的存在，以及全體員工如何評價現存的組織運作。

・小提醒

著手 CS 經營革新，誕生彩虹專案，提升服務的活動領域。

意識診斷主要包括下列五個觀點（圖 8.8）。

①個人的 CS 意識水準與資質。

②個人在顧客應對的努力度與達成感。

③刺激 CS 意識機會的多寡。

④整體組織對顧客應對的努力度。

⑤有助於發揮 CS 意識的組織風格，體質水準。

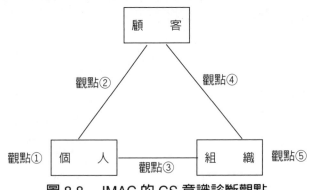

圖 8.8　JMAC 的 CS 意識診斷觀點

　　每一個觀點都準備好發問題目，填寫問卷後統計、分析。當然都是採用無記名方式，由專案小組直接回收。第一次調查的回收率是七〇％，診斷結果的要點如下。

• 個人的 CS 意識水準與資質得到最高分。

• 其次是個人在顧客應對的努力度與達成感。

• 而且越是管理者和年齡愈高者，此傾向愈強。

• 得到最低分的是，第四項整體組織對顧客應對的努力度，對公司的評價也顯得冷漠。

後記

　　前面敘述的是目前在產業界備受矚目的 CS 經營的種種，不知各位讀者讀後有何感想？在日本，以「顧客滿意度調查」為依據的 CS 經營，目前還只能算是剛起步，只有極少數的企業在實施這樣的調查工作。

　　許多引進 CS 的企業，目前也還只是在建立組織與改革意識的階段。另外，在 CS 經營的觀念、方法論上，各企業也都不盡相同。但不論他們採用的是什麼樣的觀念、方法，各企業對 CS 經營所投注的心力卻是相當可觀的。這次透過取材的機會，我親身感受到各個公司對 CS 經營所投注的熱忱。這種情形與過去引進 QC 活動的時期，有幾分似曾相識之感，今後 CS 經營的擴大，預料將會受到更大的關注。

　　過去的經營是以「企業的利益」為前提進行，今後的 CS 經營則是把「顧客的滿意」擺在前面去從事其經營活動，所以光是改變員工的意識這件工作就不是那麼簡單可以做到的。要徹底改變所有人員的意識必須花上好幾年的功夫，所以這是一個需要相當有耐心去從事的活動。

　　在推進 CS 經營時，事先對於這一點必須有充分的認知。如果認為引進了 CS 經營便可立即立竿見影，那可能高興得太快了，因為它的特徵是效果並非立竿見影的，是點點滴滴慢慢累積才會顯現的。所以對於成果不可急功近利，引進 CS 的企業今後會有什麼樣的成果是大家關注的焦點，同時也是大家期待的。

　　另外，想要讓 CS 經營成功，我個人還提倡了另一個觀點，那就是要配合 E S 經營（Employee Satisfaction Management，從業人員滿意的經營）一起進行。要提高顧客的滿意度，必須與顧客直接接觸的從業人員本身先具備高昂的工作意願，如果從業人員的心情處於不滿足、散漫的狀況，那將無法給顧客留下好印象，帶給他們滿意。

　　只有在從業人員充滿夢想、希望與滿足、意志高昂的工作情況下，才能提供令顧客滿意的商品與服務。因此，在追求顧客滿意的同時，不能忘記同時也要關心員工的滿意。

國家圖書館出版品預行編目資料

圖解顧客滿意經營／陳耀茂作. -- 初版.
-- 臺北市：五南圖書出版股份有限公司，
2022.06
　　面；　公分
　　ISBN 978-626-317-857-1（平裝）

1.CST: 行銷管理　2.CST: 行銷策略
3.CST: 顧客關係管理

496.5　　　　　　　　　111007451

5BK8

圖解顧客滿意經營

作　　者 ─ 陳耀茂（270）

發 行 人 ─ 楊榮川

總 經 理 ─ 楊士清

總 編 輯 ─ 楊秀麗

副總編輯 ─ 王正華

責任編輯 ─ 張維文

封面設計 ─ 姚孝慈

出 版 者 ─ 五南圖書出版股份有限公司

地　　址：106台北市大安區和平東路二段339號4樓

電　　話：(02)2705-5066　　傳　　真：(02)2706-6100

網　　址：https://www.wunan.com.tw

電子郵件：wunan@wunan.com.tw

劃撥帳號：01068953

戶　　名：五南圖書出版股份有限公司

法律顧問　林勝安律師事務所　林勝安律師

出版日期　2022年 6 月初版一刷

定　　價　新臺幣280元

經典永恆·名著常在

五十週年的獻禮——經典名著文庫

五南，五十年了，半個世紀，人生旅程的一大半，走過來了。
思索著，邁向百年的未來歷程，能為知識界、文化學術界作些什麼？
在速食文化的生態下，有什麼值得讓人雋永品味的？

歷代經典·當今名著，經過時間的洗禮，千錘百鍊，流傳至今，光芒耀人；
不僅使我們能領悟前人的智慧，同時也增深加廣我們思考的深度與視野。
我們決心投入巨資，有計畫的系統梳選，成立「經典名著文庫」，
希望收入古今中外思想性的、充滿睿智與獨見的經典、名著。
這是一項理想性的、永續性的巨大出版工程。
不在意讀者的眾寡，只考慮它的學術價值，力求完整展現先哲思想的軌跡；
為知識界開啟一片智慧之窗，營造一座百花綻放的世界文明公園，
任君遨遊、取菁吸蜜、嘉惠學子！